黄土高原坝系流域
侵蚀产沙分布式模型研究

祁伟　关见朝　著

中国水利水电出版社
www.waterpub.com.cn
·北京·

内 容 提 要

本书以黄土高原小流域（坝系流域）为研究对象，开展了黄土高原坝系流域侵蚀产沙分布式模型研究。内容包括自主研发了流域侵蚀产沙分布式模型，并进一步开发了坝系流域的侵蚀产沙分布式模型，还分析了不同坝系配置条件对流域空间差异性产流产沙的影响以及坝系流域各类型淤地坝的拦泥量变化特点，探讨了分布式模型在流域淤地坝的坝系配置优化中的支撑作用和拓展到不同尺度流域上的技术关键。

本书可作为从事流域侵蚀、水土保持、小流域治理规划的研究和技术人员以及高等院校相关教师和研究生的参考用书。

图书在版编目（CIP）数据

黄土高原坝系流域侵蚀产沙分布式模型研究 / 祁伟，关见朝著. -- 北京：中国水利水电出版社，2017.9
ISBN 978-7-5170-6020-8

Ⅰ. ①黄… Ⅱ. ①祁… ②关… Ⅲ. ①黄土高原—小流域—侵蚀产沙—模型—研究 Ⅳ. ①TV882.84②P512.2

中国版本图书馆CIP数据核字(2017)第271696号

书　　名	黄土高原坝系流域侵蚀产沙分布式模型研究 HUANGTU GAOYUAN BAXI LIUYU QINSHI CHANSHA FENBUSHI MOXING YANJIU
作　　者	祁伟　关见朝　著
出版发行	中国水利水电出版社 （北京市海淀区玉渊潭南路1号D座　100038） 网址：www.waterpub.com.cn E-mail：sales@waterpub.com.cn 电话：(010) 68367658（营销中心）
经　　售	北京科水图书销售中心（零售） 电话：(010) 88383994、63202643、68545874 全国各地新华书店和相关出版物销售网点
排　　版	中国水利水电出版社微机排版中心
印　　刷	北京博图彩色印刷有限公司
规　　格	170mm×240mm　16开本　7.75印张　143千字
版　　次	2017年9月第1版　2017年9月第1次印刷
印　　数	0001—2000册
定　　价	**68.00**元

凡购买我社图书，如有缺页、倒页、脱页的，本社营销中心负责调换

前　言
PREFACE

黄土高原是世界上水土流失最严重的地区，严重的水土流失造成生态环境恶化，威胁着黄河下游防洪安全，制约社会经济的可持续发展。新中国成立以后，对黄土高原进行了大规模的治理，以淤地坝为核心的沟道治理工程是黄土高原水土流失治理的关键措施。本书在黄土高原治理力度不断加强和淤地坝坝系建设蓬勃发展的背景下，瞄准当今陆地侵蚀学科的前沿领域，以黄土高原地区小流域（坝系流域）为研究对象，开展了黄土高原坝系流域侵蚀产沙分布式模型研究，具有一定的理论意义和实用价值。本研究取得的主要成果包括以下3部分。

（1）研发了流域侵蚀产沙分布式模型。自主研发了黄土高原地区基于场次暴雨的小流域降雨径流和侵蚀产沙分布式模型，模型建立在一系列的物理过程基础之上，实现了"沟坡分离"和"产输沙分离"，使模型在物理概念和力学机制的区分上更臻清晰。

选取陕西省黑草河典型小流域进行了分布式模型的率定和验证，并应用所建立的模型，通过设计不同水土保持配置方案，分别计算并对比了不同水土保持措施和不同土地利用方式的减水减沙效益，并对典型小流域水土保持配置方案进行了优化，展现了分布式模型在模拟空间差异性方面的优势，为配置流域内水土保持措施和优化流域管理提供了技术支撑和科学依据。

（2）开发了坝系流域侵蚀产沙分布式模型。针对黄土高原坝系流域的特点，进一步研究了不同结构淤地坝的水沙特点及计算模式，首次自主开发了坝系流域侵蚀产沙分布式模型。

模型在应用上选取了黄土高原沟壑区典型坝系流域——马家沟小流域，并基于 GIS 进行了流域地理信息的处理和提取。模型分别计算了未建坝系、现状坝系和规划坝系等不同坝系条件下的流域出口的产流产沙过程并进行了比较，反映了流域内淤地坝及坝系的拦泥蓄水作用和对流域出口水沙过程的调蓄和削峰效应。

（3）系统给出了坝系配置空间差异性的影响。充分利用分布式模型能反映流域空间差异性影响的特点，进一步分析了不同坝系配置条件对流域空间不同位置（空间差异性）产流产沙的影响以及各淤地坝的拦泥量变化特点。分析结果表明，流域空间不同位置的产流产沙特点有较大差别，所选取的马家沟典型坝系流域的坝系配置、布坝密度和部分淤地坝的库容设计仍有需进一步完善的地方。本书所建立的坝系流域侵蚀产沙分布式模型在流域的坝系配置评价和配置方案优选等方面具有较好的技术支撑作用和应用价值。

本书介绍的分布式模型目前仅在中小尺度的流域上进行了应用，今后如果拓展到大中尺度流域，那么在不同尺度流域上如何界定合适的临界源区面积及其取值标准将可能是本研究的关键所在。从本书的研究成果来看，临界源区面积的取值不同会生成不同的流域沟系，这在一定程度上直接影响着模型计算的流域侵蚀产沙过程。可以确定的是不同尺度流域的临界源区面积的取值应是不同的。由于不同尺度流域的取值标准较为复杂，目前也还没有较成熟的成果，仍有待广大相关研究者下一步深入开展研究。

　　本书能够顺利出版，首先感谢中国水利水电科学研究院泥沙研究所曹文洪教授级高级工程师、郭庆超教授级高级工程师、刘春晶博士、王玉海博士等人提供的支持和帮助，同时本书的研究成果也得到了"十二五"国家科技支撑计划项目"水沙变异条件下荆江与长江口北支河道治理关键技术（2013BAB12B00)"的资助，在此一并致谢！

　　由于作者研究水平所限，书中的疏漏和错误不可避免，敬请读者和同行批评指正！

作者

2017 年 5 月于北京

目录
CONTENTS

前言

■ **1 绪论** ·· 1

  1.1 研究背景 ····································· 1

  1.2 侵蚀产沙模型发展概况 ························· 3

  1.3 淤地坝发展概况 ······························ 9

■ **2 小流域侵蚀产沙分布式模型研究** ··············· 14

  2.1 分布式模型的建立 ··························· 14

  2.2 降雨径流子模型 ····························· 18

  2.3 侵蚀产沙子模型 ····························· 24

  2.4 模型的率定和验证 ··························· 27

  2.5 本章小结 ··································· 34

■ **3 水土保持措施配置的减水减沙效益研究** ········· 35

  3.1 水土保持措施及评价方法 ····················· 35

  3.2 水土保持方案设计 ··························· 36

  3.3 水土保持减水减沙效益计算 ··················· 38

  3.4 流域优化配置方案 ··························· 41

  3.5 本章小结 ··································· 43

■ **4 坝系流域侵蚀产沙分布式模型研究** ············· 44

  4.1 坝系流域产流产沙计算模式 ··················· 46

  4.2 典型坝系流域的数据准备及处理 ··············· 53

  4.3 模型在典型坝系流域中的应用 ················· 62

　4.4　本章小结 ……………………………………………………… 72

■ 5　坝系配置空间差异性的影响研究 ……………………… 73
　5.1　流域不同位置淤地坝的产流产沙过程 ……………… 73
　5.2　流域坝系配置的拦泥量分析 …………………………… 94
　5.3　本章小结 ………………………………………………… 105

■ 6　结论与展望 ……………………………………………… 107
　6.1　主要研究结论 …………………………………………… 107
　6.2　展望 ……………………………………………………… 109

参考文献 ……………………………………………………… 111

1 绪论

1.1 研究背景

流域侵蚀与产沙是当今世界重大的生态环境课题，由它所导致的水土流失问题已经成为困扰农业可持续发展和当地人民脱贫致富的主要障碍。

我国是世界上水土流失最严重的国家之一，水土流失面积占国土总面积的38.2%。在我国水土流失的地区之中，黄土高原地区最为严重。

黄土高原地区东起太行山，西迄日月山—乌鞘岭—贺兰山一线，南达秦岭，北至阴山，面积达 64 万 km²。黄河流经以陇中、宁北、陕北、山西为中心的黄土高原地区核心典型地带。由于该区气候干旱，暴雨集中，植被稀疏，土壤抗蚀性差，加之长期以来乱垦滥伐和污染等人为的破坏，导致黄土高原成为我国乃至全世界水土流失最严重、面积最大的地区。黄土高原地区的土流失面积达45 万 km²，占其总面积的 70.9%，每年向黄河下游河道输沙 16 亿 t（近年为12.8 亿 t），占整个黄河向下游河道输沙量的 80%，是造成黄河下游河道成为举世闻名的"地上悬河"的重要原因。

严重的水土流失，造成该区域地表破碎，沟壑丛生，生态恶化；严重的水土流失，造成该区域土地沙化，土壤肥力流失，土地贫瘠，粮食及作物广种薄收，区域经济发展滞后，人民群众生活贫困；严重的水土流失，还对黄河下游河道的防洪和河道稳定构成了极大威胁。

我国黄土高原地区降雨年内分布极其不均（主要集中于5—9月），降雨往往以场次暴雨的形式出现，而且仅由这几个月的场次暴雨所产生的水土流失量就占全年的 80% 以上。这一特性说明黄土高原地区的水土流失特点是：①水土流失大多源于场次暴雨事件，侵蚀多发生于场次暴雨历时过程中，因此以月平均或日平均降雨量为尺度来计算该地区对应的水土流失量，其结果多有偏颇；②降雨强度和下垫面条件的时空分布不均匀。

我国目前现有的径流产沙模型多数为集总式模型（Lumped Model）[1]-[3]，即把各种不同的影响参数进行均一化处理，并对流域径流泥沙过程的空间特性进行均化模拟，模型结果一般不包含流域径流泥沙过程空间特性的具体信息。这些集总式模型大多采用经验统计方法，具有结构简单、使用方便的特点，但针对黄土高原地区降雨强度和下垫面条件的时空分布不均这一特点，集总式模型存在一些结构性的缺陷。

随着计算机技术的快速发展和地理信息系统（GIS）的引入，为数据的储存、提取、处理和计算提供了快捷、方便的手段，从而让分布式模型（Distributed Model）的发展及应用吸引了越来越多研究者的兴趣[4]-[6]，国内很多学者也对此进行了研究。这些研究大多集中于流域产汇流水文模型方面，还较少应用于流域侵蚀产沙模型方面。

分布式模型充分考虑了流域内各个影响因子的空间差异性，它将流域网格化为多个连续的单元，不同单元的流域因子不同，但每个单元的流域因子近似相同。基于这个特点，分布式模型可以反映流域的空间差异性和时空变化过程，也可对流域的任一单元进行模拟和描述，并把各单元的模拟结果扩展为全流域的输出结果；因此它能更恰当地模拟流域的时空过程，模拟结果的可信度也较高，但它所需数据量也较大。

具有物理基础的分布式流域侵蚀与产沙模型正是由于考虑了自然物理过程及下垫面条件等影响因素的空间分布性，能较好地反映不同的下垫面时间空间分布状况和人类活动等对流域侵蚀产沙的影响，是当前流域侵蚀产沙学科的前沿研究领域和未来发展方向。

淤地坝是黄土高原地区防治水土流失十分重要和有效的一种水土保持工程措施。它是由 400 多年前的"天然聚湫"起源[7]-[10]而逐渐演变形成的，也是广大人民群众在长期的生产实践和同水土流失的斗争中不断探索和创造的智慧结晶，并被当地群众形象地概括为"沟里筑道墙，拦泥又收粮"。实践证明，淤地坝在治理水土流失，改善生态环境，促进农村增产增收和经济可持续发展，以及减少入黄泥沙，实现黄河下游河道稳定等方面发挥着重要的作用。

然而，由许多淤地坝所组成的坝系在减水减沙整体配置上并不协调。以往在黄土高原地区大量修建的基于"水沙不出沟"理念的"闷葫芦"式淤地坝存在很大的水毁风险。原因之一就在于上游淤地坝拦截了几乎所有的水沙，导致下游淤地坝控制的流域来水来沙锐减。一旦上游垮坝，淤地坝多年拦截的水沙有可能"零存整取",容易出现下游淤地坝连续发生垮坝的"穿糖葫芦"现象[11]-[13]。

1.2 侵蚀产沙模型发展概况

一直以来,国内外很多学者都十分重视并致力于研究流域侵蚀与产沙这一极其复杂的系统,相应地开发出许多不同类型的流域侵蚀产沙模型。一般来说,目前流域侵蚀与产沙模型分为两大类:经验统计模型和物理过程模型。

(1)经验统计模型。经验统计模型是在大量实际观测资料的统计分析基础上发展而成的,包括经验模型、单位线法、随机模型、土壤流失—泥沙输移法、灰色系统模型和 BP 神经网络模型等;其特点是应用方便,形式简单,在实际工作中也发挥了较大的作用。但由于经验统计模型不能反映水沙的物理过程,参数无物理意义,无法模拟水流泥沙随时空的变化过程,外延精度差,对人类活动的扰动影响反映较弱,因此它的应用具有很大的局限性。

(2)物理过程模型。物理过程模型是基于物理成因过程的基础上发展而成的,根据结构的不同又可分为集总式模型(Lumped Model)[14]-[16]与分布式模型(Distributed Model)[17]-[19]。其特点是物理基础强,外延精度较高,方便于地区移用和向设计条件拓展与延伸,能模拟侵蚀产沙的时空变化,并能通过参数反映人类活动扰动后水沙的变化,是当今流域侵蚀产沙学科的主流研究方向。

相对于集总式模型来说,由于分布式模型考虑了自然物理过程及下垫面条件等影响因素的空间分布性,模型中参数物理意义明确,具有较强的物理基础,是当前流域侵蚀产沙学科的前沿研究领域和未来发展方向。

1.2.1 国外研究现状

国外侵蚀产沙模型的研究以美国为主要代表,同时英国、荷兰、俄罗斯、比利时和澳大利亚等国也开发了各自的侵蚀产沙模型。下面以国外典型模型为例来介绍其研究现状及进展。

1. 经验统计模型

国外经验统计模型以著名的通用土壤流失方程 USLE(Universal Soil Loss Equation)最为成功。

20 世纪 60—70 年代,USDA - ARS(U. S. Department of Agriculture & Agriculture Research Service)基于 1 万多个小区和近 30 年的实测资料建立了 USLE 模型[15][16]。该方程由于基本包括了坡面土壤流失的主要影响因素,应用的资料范围广,参数物理意义明确,计算简单,从而使 USLE 方程在世界各国得到广泛应用。

到了20世纪80年代中期，USDA-ARS联合推出一项计划，对USLE进行改进，并于1985年4月开始实施。改进后的版本——RUSLE模型[17]（Revised Universal Soil Loss Equation）于1992年12月正式发行。之后，模型历经数次改进和完善，其中较为常用的是SWCS（Soil and Water Conservation Society）推出的1.04版。

2. 物理过程模型

物理过程模型以侵蚀产沙的物理过程为基础，采用水力学、泥沙运动力学、水土保持学、水文学以及其他相关学科的基本原理，试图对流域内发生的侵蚀产沙过程进行概化和近似描述。物理过程模型因为能反映土壤的侵蚀机理和水沙的输移过程，而成为流域土壤侵蚀预报研究的未来主要方向。它作为流域侵蚀和产沙的重要研究手段，正处于逐渐完善和由传统的集总式模型向分布式模型过渡的发展进程之中。

根据对侵蚀和产沙过程的不同表达与描述，物理过程模型一般又可分为集总型模型与分布型模型。集总型模型表达流域的总体和平均行为，并通过计算全流域的有效均值来评价空间参数变化的影响。而分布型模型反映的是土壤侵蚀产沙的时空变化过程；并把参数变化的流域空间分布数据和算法进行耦合，来评价它们分布性的影响。

（1）集总式物理过程模型。

1）CREAMS模型。1980年由USDA推出了CREAMS模型[18]，主要用于估算农田对地表径流和耕作层以下土壤水的污染。模型由3个功能模块组成：水文模块、侵蚀或泥沙模块以及化学污染物模块。水文模块可以估算日际径流量和洪峰流量、渗透、蒸发散和土壤饱和含水量。在进行径流计算时，CREAMS模型采用两种方法：SCS曲线法和Green-Ampt入渗方程。前者适用于日降雨资料，后者适用于断点降雨资料。侵蚀模块用修正的USLE进行流域坡面侵蚀量的计算，采用Foster等[19]提出的泥沙连续方程来进行产沙计算。

2）HSPF模型。HSPF模型（Hydrological Simulation Program Fortran）（Johanson et al.，1984）属于集总式流域侵蚀产沙模型。它主要用于模拟流域的水文、侵蚀泥沙输移以及营养元素的运移等过程，也可模拟流域或城郊区域流失的无机盐分和溶解氧等。模型中根据土地利用状况及土壤理化指标，把流域划分为不同的地块，使每一地块都具有均一的特性；地表径流、亚表层流和壤中流采用斯坦福流域水文模型（SWMIV）计算。模型还考虑了降雪和融雪过程带来的非点源污染问题。模型的具体操作有专门的用户使用手册详细说明。由于模拟结果一般需要有3～5年的历史数据进行校验，而且其复杂度较高，一般不易掌握。

（2）分布式物理过程模型。

1）WEPP模型。从1985年开始，美国农业部投入大量的人力物力进行WEPP水蚀预报模型的研究[20][21]，到1989年基本完成，后经过多次改进和完善，于1995年正式向外公布。WEPP模型也是迄今为止最为复杂的与土壤水蚀物理过程相关的一个计算机模型。

在WEPP模型中，入渗过程采用Green－Ampt入渗公式计算，泥沙的运移则采用Yalin泥沙输移公式计算，泥沙沉积的计算方法与CREAMS模型中的方法相同。目前有3个版本：坡面版、流域版和网格版。其中，坡面版和流域版开发较为成功。坡面版主要用于估算均一坡面上的侵蚀量和流失土壤的沉积状况；流域版用于模拟流域沟道中的产沙、输沙过程以及泥沙的沉积；网格版适用于与流域边界不相吻合的任意地理区域。这些区域可被划分为若干个单元，在每个单元内应用坡面版计算侵蚀量。网格版还可用于估算泥沙从一个单元到另一个单元的输移和某个出口断面处泥沙的输出量问题。

在完善开发WEPP模型的同时，美国农业部农业研究局和自然资源保护局共同研究开发了浅沟侵蚀预报模型（Ephemeral Gully Erosion Model，EGEM）[22]，用于预报单条浅沟年平均土壤侵蚀量。

2）ANSWERS模型。ANSWERS模型[23]最初是由Beasley和Huggins建立的场次降雨小流域分布式土壤侵蚀模型，其物理成因很强。该模型将小流域网格化为若干单元，然后计算每个网格上的径流、泥沙、水流挟沙力和流出此单元网格的径流和泥沙量。该模型能用于评价土地利用和管理措施等的改变对流域径流和侵蚀所造成的影响和它们的空间变化。

随着流域中农田营养元素的流失对水质的不利影响受到不断的重视，一些研究人员又把流域中N、P等营养元素的运移过程也加入到模型中（Storm et al.，1988；Dillaha et al.，1988），其中尤以Bouraoui（1994）研究的最为深入，并对模型的源程序做了较大修改。近几年，美国乔治亚（Georgia）大学的Wes Byne与弗吉尼亚（Virginia）大学的Dillaha等人，又进一步对模型进行了不断改进。

3）EUROSEM模型。Morgan等人[24]根据欧洲的土壤侵蚀研究成果，开发了适用于预报农田和流域的物理成因很强的土壤侵蚀预报模型EUROSEM（European Soil Erosion Model）。该模型也是场次降雨的分布式侵蚀模型。模型中侵蚀过程分为细沟间侵蚀和细沟侵蚀，并考虑了植物截流对土壤下渗和降雨的影响，还考虑了地面表层覆盖对土壤下渗和雨滴溅蚀的影响。

4）LISEM模型。荷兰学者De Roo[25]结合本国的实际情况和研究成果，开发了 LISEM（Limburg Soil Erosion Model）土壤侵蚀模型。该模型将土壤侵蚀物理过程与 GIS 相结合。模型的结构以 ANSWERS 模型和 SWAT 模型为基础，源程序由一种 GIS 模型语言写成，其中包含 PC 机上所有的光栅（raster）指令，所以可直接与 GIS 结合使用。源程序中的每一个水文或侵蚀产沙过程，都用一到两行 GIS 语句写成。同时，模型与遥感数据兼容，可以直接进行遥感数据分析和处理。模型中渗透与水分运移过程采用了达西定律和连续方程的集成，而其余过程则多用系统模型来描述。模型可以模拟：树木林冠截流、复层土壤中的入渗和土壤水分运动、径流和侵蚀等过程。

1.2.2 国内研究现状

我国流域侵蚀产沙模型的研究已经走过了 50 多年的发展历程，特别是近 20 多年，针对我国陡坡侵蚀严重、沟壑纵横等地貌特征，总结和建立了大量的坡面和流域侵蚀产沙模型，也可划分为经验统计模型和物理过程模型两类。

1. 经验统计模型

中国水土流失严重，影响因素复杂，多年来许多学者对侵蚀产沙的预报做了大量的研究工作，提出了许多适用不同地区的经验公式。

（1）牟金泽等[26]根据陕北绥德辛店沟小流域的实测资料，在考虑了土壤前期含水量的作用下建立了一个基于场次降雨的侵蚀产沙坡面预报经验模型。

（2）马蔼乃[27]针对黄土高原地区的复杂地貌条件，建立了该地区小流域土壤侵蚀模型。模型从遥感影像和地形图中提取参数和数据进行计算，考虑了泥沙的输移作用。

（3）江忠善等[28]建立了计算沟间地的场次降雨侵蚀产沙经验模型，将浅沟侵蚀影响以修正系数的方式进行处理，并建立空间信息数据库，实现了 GIS 与侵蚀模型的结合。

（4）景可等[29]建立了黄河中游地区侵蚀经验模型。模型主要考虑了沟谷密度、汛期降水量、植被覆盖、切割深度、大于 15°坡耕地占土地面积的比例等因素。

（5）王秀英等[30]采用灰色理论与方法建立了流域侵蚀与产沙模型灰色系统软件包，较好地预报了嘉陵江支流小流域的降雨产沙情况。

（6）张小峰等[31]以流域降水条件为基本因子，运用 BP 神经网络模型的基本原理，建立了流域产流产沙 BP 网络经验预报模型，用于分析人类活动因素对流域产流产沙的影响。

2. 物理过程模型

我国对于具有物理成因基础的侵蚀产沙模型的研究始于 20 世纪 80 年代后期。由于能够模拟土壤侵蚀过程，并且可调控因子和观测到过程变化，许多学者致力于侵蚀产沙物理过程模型的研究，取得了可喜的成果。目前国内的侵蚀产沙物理过程模型，大多属于集总式物理过程模型，分布式物理过程模型还处于起步阶段。

（1）王星宇[32]通过坡面和沟道土体受力平衡分析，利用悬移质和推移质输沙公式，建立了估计流域产沙量的模型。

（2）汤立群、陈国祥[33]-[36]根据黄土高原地形地貌以及侵蚀产沙垂直分带性的规律，从流域径流泥沙产输移和沉积过程出发，将流域划分成沟槽、沟谷坡和梁峁坡3个部分，分别进行水沙计算。径流模型中采用 Horton 方程确定入渗量，沟道中采用一维圣维南方程进行径流计算。泥沙模型中通过计算径流挟沙力，比较径流挟沙力与供沙量的关系。

（3）谢树楠等[37]从泥沙运动力学的基本理论出发，并根据日本 Komura 的研究成果，通过一系列假定和推导，得出坡面产沙量为坡长、坡度、径流系数、降雨强度和下垫面泥沙中值粒径的函数，同时考虑不同土壤的抗侵蚀能力和植被覆盖对土壤侵蚀的影响，最后得出了流域产沙量的计算公式。

（4）曹文洪等[38]采用成因分析的方法，建立了黄土高原地区场次暴雨的小流域产流产沙和输移的公式。模型拓展到大流域时，首先将大流域划分为若干个小流域，由河道将若干小流域相连，其中河道的冲淤计算采用水动力学模型来计算，这样将流域模型与河道模型衔接起来，从而建立了通过降雨来预报整个流域产沙的数学模型。

（5）祁伟等[39][40]建立了基于场次暴雨的小流域侵蚀产沙分布式数学模型。该模型基于超渗产流模式，能够模拟出流域在不同水土保持措施和不同土地利用类型下的径流和侵蚀产沙的时空过程，可供检测流域管理措施对径流泥沙过程产生的影响，从而能为配置流域内水土保持措施和优化流域管理提供依据。

（6）蔡强国等[41]-[46]建立了具有物理基础的、基于场次降雨的小流域侵蚀产沙模型；包括坡面子模型、沟坡子模型、沟道子模型3个子模型。模型分别考虑了降雨入渗、径流分散、洞穴侵蚀、重力侵蚀和泥沙输移等物理过程，并从机理上针对影响侵蚀过程的影响因子进行了定量分析。

（7）陈力、刘青泉[47][48]运用运动波理论结合改进的 Green – Ampt 入渗模型，建立了坡面降雨入渗产流的耦合动力学模型，并运用该模型研究了简单坡面上降雨入渗产流的动力学规律，分析了雨强、土壤初始含水量、渗透系数、坡面阻力，以及坡长、坡度等因素对坡面产流过程的影响规律。刘青泉等[49]-[53]进一步将复杂地表条件对坡面流运动的影响概化为阻力的变化，建立了能够反映地表条件影响的坡面降雨入渗产流模型。

（8）贾媛媛等[54]依据黄土高原丘陵沟壑区的小流域地形地貌复杂，同时径流泥沙具有十分明显的垂直分带性这一特点,建立了由水文模块和侵蚀模块组成的黄土高原地区小流域分布式的水蚀预报模型。其中,水文模块包括了降雨、截留、入渗、地表径流以及沟道流等物理过程,并采用运动波方程进行汇流演算;侵蚀模块中考虑了雨滴溅蚀、坡面薄层水流侵蚀、细沟水流侵蚀、浅沟水流侵蚀、沟道流剥离与沉积等侵蚀物理过程,并运用泥沙物质平衡原理完成了泥沙的输移计算。

(9)刘卓颖等[55]-[57]建立了黄土高原地区小尺度分布式水文模型,对岔巴沟流域进行了连续 8 年的水沙运动模拟计算;模型中预留了水土保持措施影响下的水沙调蓄计算模块,为以后分析人类活动(尤其是淤地坝建设)对水沙运动规律及特性的影响提供了可能。

1.2.3 研究现状评述

国外特别是欧洲和北美等发达国家在流域侵蚀产沙模型研究方面起步较早,并且借重流域水文模型研究方面的最新成果和研究方法,依托国家大型科研机构(如 USDA - ARS 等机构)的智力储备和研究实力,所以整体研究水平较高,主要表现在:①在模型功能上,国外的流域侵蚀产沙模型不仅具有能模拟流域产汇流和土壤侵蚀产沙的功能,而且一般还同时具有能模拟包括污染物的扩散以及土壤营养元素的输移等方面的功能(如 CREAMS 模型、AGNPS 模型、HSPF 模型、EPIC 模型、ANSWERS 模型等);②在模型结构上,国外较早开展了分布式流域侵蚀产沙模型的开发与研究(如 1980 年 ANSWERS 模型、1989 年 AGNPS 模型等),到目前为止,分布式模型仍然是当今流域水文和陆地侵蚀学科的前沿领域和研究热点;③在模型的研究手段上,由于地理信息系统技术(GIS)及遥感技术(RS)的迅速发展,国外的研究学者们成功地将其与分布式流域侵蚀产沙模型相结合(如 LISEM 模型),可以方便地获取分布式模型所需要的不同时空条件下的空间数据,为分布式模型的数据输入和分析提供了便利途径。

相对国外的研究而言,我国流域侵蚀产沙模型的研究成果主要集中在经验统计模型方面,物理过程模型的研究起步较晚,且主要是集总式物理过程模型,整体研究水平与国外发达国家相比还有一定的差距,主要表现在:①在模型功能上,国内侵蚀产沙模型主要研究流域的径流和产沙输沙等问题,多用于流域水土流失量的估测和径流平衡等方面的研究,一般不具有模拟污染物的扩散以及土壤营养元素的输移等方面的功能;②在模型的适用性上,国内侵蚀产沙模型大多针对某一特定流域或地区而建立的,尚没有开发出类似于 USLE 模型的中国土壤侵蚀预报模型;③在模型结构上,国内侵蚀产沙模型主要是经验性模型和集总式物理过程模型,还缺少分布式物理过程模型。

集总式模型尽管应用方便，形式简单，在实际工作中也发挥了较大的作用，但由于不能反映水沙的物理过程，参数物理意义不甚明确，无法模拟水流泥沙随时空的变化过程，对人类活动的影响反映较弱，因而其应用性具有很大的局限性。

而与传统集总式侵蚀产沙模型相比，具有物理基础的分布式模型有以下几个显著的优点：①能够描述流域内侵蚀产沙的时空变化过程；②由于建立在DEM基础之上，能够及时地模拟出人类活动或下垫面因素的变化对侵蚀产沙过程的影响；③分布式侵蚀产沙模型的结构较严谨，参数的物理意义明确，可以利用常规理论来描述侵蚀产沙的变化过程。正是由于分布式侵蚀产沙模型物理概念明晰，外延精度高，有利于地区移用和向设计条件延伸等特点，所以它可以模拟侵蚀产沙的时空变化，并可通过参数反映人类活动影响后水沙的变化，是当前流域侵蚀产沙学科的前沿研究领域和未来发展方向。

1.3　淤地坝发展概况

淤地坝是黄土高原地区人民群众借助"天然聚湫"蓄洪排清的理念，在长期同水土流失斗争实践中创造的一种行之有效的既能拦截泥沙、保持水土，又能淤地造田、增产粮食的水土保持工程措施[7]-[10]。已建设的典型淤地坝见图1-1和图1-2。

图1-1　山西省永和县西峪淤地坝

图 1-2　山西省平陆县范庄淤地坝

1.3.1　淤地坝的主要作用及发展阶段

淤地坝的主要作用：①拦泥保土，滞洪减沙；②抬高侵蚀基准面，稳定沟坡；③改变农业生产基本条件，提高粮食产量；④促进退耕还林还草及土地利用结构的调整；⑤解决人畜饮水，提高水资源利用率；⑥防洪减灾，保护下游农田及公共设施安全[7][58][59]。

新中国成立以来，黄河流域的淤地坝建设经历了试验示范、全面推广、大力发展、巩固提高等阶段。

第一阶段（1949—1957年）：这个阶段主要进行淤地坝的重点试点和示范工程，在取得经验的基础上再进行小规模的推广。随着农业合作社和人民公社的建立，群众筑坝的积极性空前高涨，到1954年年底，陕西省淤地坝已发展到3000多座，可淤地2300多 hm²。筑坝技术开始在各地的干部群众中得到普及。

第二阶段（1958—1970年）：1962年国务院下达《关于奖励人民公社兴修水土保持工程的规定》的优惠政策，同时由于第一阶段试办示范成功，进一步激发了群众建坝的热情。1958—1970年，黄土高原地区共建设淤地坝2.76万座，可淤地3.3万多 hm²。在晋西、陕北等地淤地坝建设开展较好的典型小流域内，在坝地上的适当位置加修一座或几座"腰坝"，拦截上游洪水，组成一个简单的坝系，开始有了"坝系"的概念[60]。

第三阶段（1971—1985年）：该阶段是坝系工程大规模建设阶段。水坠坝（水力冲填淤地坝）施工方法具有工效高、成本低、质量好、施工简便等优点，水坠施工方法的推广极大地促进和推动了水坠坝在黄土高原地区的应用。据1977年不完全统计，山西、陕西两省建成的水坠坝达8000多座。山西省有近一半的坝是在这一时期建设的。同时大规模建设也存在巨大的隐患。1973年8月

25 日陕西省延川县降雨 112.5mm，7570 座淤地坝中遭受不同程度水毁的就有 3300 座；1975 年、1977 年、1987 年大暴雨，使甘肃省的庆阳地区、陕西省的榆林地区、延安市及山西省西部 28 个县的淤地坝遭受严重水毁。

第四阶段（1986—2000 年）：该阶段为积极兴建治沟骨干工程的新阶段，也是坝系工程的完善阶段。该阶段在认真总结 30 年来筑坝淤地经验教训的基础上，对淤地坝的坝系规划、工程结构、设计标准、建坝顺序做了大量研究工作，其中"以坝保库，以库保坝""小多成群有骨干"等经验广为群众共识。同时为适应黄河上中游地区淤地坝的建设需要，水电部先后制定颁发《水坠坝设计及施工暂行规定》（SD 124—84）、《水土保持治沟骨干工程暂行技术规范》（SD 175—86）、《水土保持技术规范》（SD 238—87），使坝系建设步入科学化、规范化的阶段。

第五阶段（2001 年至今）：水利部部长汪恕诚在 2003 年全国水利厅（局）长会议上的讲话，把淤地坝建设列为 2003 年水利工作重点中争取启动实施的 3 项新"亮点"工程之首，并提出了具体要求。"2003 年水利工作重点：要争取启动实施 3 项新'亮点'工程。如淤地坝建设。在黄土高原地区，以淤地坝为重点的坝系工程建设可以有效拦截泥沙、淤地种粮，为封育保护、生态修复工程的实施创造条件，巩固退耕还林还草成果。这是水土保持综合治理和生态修复工程的结合点，要作为水土保持工作重点和黄土高原地区实施退耕还林工程的一项重要配套措施抓紧抓好。要抓紧制定工程规划，落实建设资金，加快建设进度……"。这标志着淤地坝建设步入新的发展阶段。

1.3.2 淤地坝存在的主要问题

新中国成立以来，黄土高原地区的淤地坝建设取得了很大的成就，但是由于多数淤地坝系 20 世纪 60 年代和 70 年代兴建，大多没有进行工程设计或设计标准偏低，且没考虑坝系整体布局规划；加之工程已经运用了二三十年，后期管护、配套措施跟不上，目前大多淤地坝已经淤满；且设施老化失修，滞洪拦沙能力大幅度降低，病险情况日趋严重，以上原因极大地制约了淤地坝总体效益的发挥。另一方面，长期以来受资金、投入等条件的限制，淤地坝建设规模、速度和工程质量受到了严重影响，且淤地坝科研相对滞后，与黄上高原生态建设和区域经济社会发展的需要不相适应。淤地坝存在的主要问题归纳起来主要有以下几点。

（1）现有淤地坝库容损耗严重，防洪拦沙能力低。现有淤地坝多数是在过去的群众运动中修建的，因资金和技术力量不足，多数无防洪排洪设施，给安全生产带来了许多问题。据陕西省调查，截至 1989 年年底，陕北地区 25 个县 3

万余座淤地坝中，95％左右是20世纪70年代以前修建的。经过几十年的运行，在拦泥淤地，发展生产，为黄河减沙做出了巨大的贡献。但由于淤地坝老化失修，库容相继淤满，失去滞洪拦泥的作用。其中达不到省颁标准的大型淤地坝有536座，中型淤地坝4135座，分别占其总数的64.0％和73.8％。

（2）淤地坝设施不配套，设计标准低，坝系布局不合理。由于过去修建的淤地坝大多为群众自发盲目兴建，缺少统一规划，致使一些沟道中的淤地坝布局极不合理，出现了很多诸如"坝中坝""坝套坝、下坝淹上坝""下坝淤不满"等情况。同时，由于工程配置不合理，缺少控制性的骨干坝，遇到超标暴雨洪水，随即造成连锁溃坝反应。例如，1977年和1978年陕北地区突降了几场暴雨，70％的小型淤地坝遭到了不同程度的毁坏，教训极其深刻。黄土高原地区现有的11万多座淤地坝，仅有骨干坝1356座。据陕西省调查，平均200km² 才有一座骨干坝，加之配置不合理，真正形成坝系的不多，特别是许多小流域缺少控制性骨干坝，整体防洪能力差。另外，工程配套设施不完善，缺少泄洪、排水建筑物。陕西省现有淤地坝中小型淤地坝占了绝大多数，60％的淤地坝只有坝体，没有泄洪、排水设施[7]。

（3）坝地盐碱化严重，坝地利用率低。坝地盐碱化是影响坝地生产利用率，造成坝地资源浪费的一个重要原因。据黄河水利委员会绥德水保站调查，截至1975年年底，延安、榆林两地区有坝地53万亩，可利用的仅35万亩，仅占已有坝地的66％。因盐碱化和沼泽化，每年少收粮食约5000万kg[7]。

（4）坝系建设理论研究不完善，部分关键技术问题尚未解决。淤地坝作为黄土高原地区主要的沟道治理工程措施，需要有一套可操作性的科学的坝系建设理论和技术来指导实践。但是截至目前，尚未形成完善的理论体系，一些诸如沟道重力侵蚀的定量研究，布坝密度、规模、建坝时序以及坝系配置、设计、施工等方面的关键技术问题尚未解决，已影响到淤地坝建设的科学、高效、快速发展。

（5）坝系规划研究不能满足实际应用。淤地坝建设需要有一套科学的规划方法作为理论指导。虽然50多年来，有关单位先后采用了经验规划法、线性规划法、多目标规划法和非线性规划法对坝系进行优化研究，国家"八五"攻关项目和黄河流域水土保持科研基金项目，也都曾设专题进行了坝系相对稳定试验研究，并结合课题研究建立了实体模型，但截至目前，尚未形成一整套成熟、完善的坝系建设理论体系，坝系规划方法也一直沿用传统的经验规划法，缺乏科学的方案比选论证，加之规划力量相对薄弱，致使规划成果科技含量不高，与实际有一定差距。

（6）设计资料缺乏且设计效率低。由于缺乏实测水文资料，目前淤地坝的设计大都采用传统的经验方法设计，工程的结构计算及水力计算方法较粗放。如工程设计中的关键环节坝高的确定、调洪演算等，一般采用经验公式计算或用相似流域的实测资料或小区资料来推算，方法尚需改进，设计工作的效率及自动化水平也有待提高，加之各地业务部门的设计力量和水平参差不齐，目前设计工作效率和质量远不能满足大规模淤地坝建设的需要。

（7）施工过程的质量难以控制。长期以来，淤地坝工程施工缺乏整套规范的施工技术规程，许多地方沿用传统的施工方法，严重影响了施工质量。缺乏施工专业人员，造成施工质量难以保证、工程施工变更频繁。施工过程中有效的质量监测监督体系尚未建立起来，各地及行业的质量监督站目前也不够健全，在施工管理和工程质量控制上存在许多不规范的地方，缺乏必要的质量监测设备和监控手段。虽然近年实行了工程监理制度，但监理的方式以巡回监理为主，且只对治沟骨干工程实施监理，缺乏对工程质量的全过程控制。

2 小流域侵蚀产沙分布式模型研究

2.1 分布式模型的建立

随着人类活动对流域侵蚀与产沙过程的影响越来越大，迫切需要了解流域内不同区域下垫面条件发生变化时，流域系统水文泥沙的响应。例如修建梯田改变了坡度和坡长，砍伐森林、坡地开垦或恢复植被改变了地表植被覆盖状况等，由此改变了地表径流的形成和汇集过程、水流能量的耗散方式、地表物质的抗蚀力与雨滴及径流侵蚀力的对比关系。

因此，针对流域下垫面信息、降雨以及人类活动等各个因子空间分布不均匀的特点，将小流域网格化为一系列的连续小单元，每个小单元可反映不同的下垫面信息、降雨和人类活动的情况，把各个单元的模拟结果联系起来，就可扩展为整个流域的水文泥沙输出结果，同时还能兼容小区试验成果。这种分布式模型能较好地反映下垫面因子空间分布不均和人类活动对流域侵蚀产沙的影响，能更恰当地模拟流域水文泥沙的时空过程，将为优化流域不同单元水土保持措施配置和确定综合治理方案奠定坚实的基础。

2.1.1 模型结构

本书自主开发的小流域侵蚀产沙分布式模型在结构上分为降雨径流模块和侵蚀产沙模块，通过分别研究相应模块在产汇流过程和侵蚀产沙过程中的物理机制，建立具有物理基础的降雨径流子模型和侵蚀产沙子模型，通过两个子模型的联合计算来模拟小流域上任意单元及流域出口的产汇流和侵蚀产沙时空过程。

模型结构示意图见图 2-1。

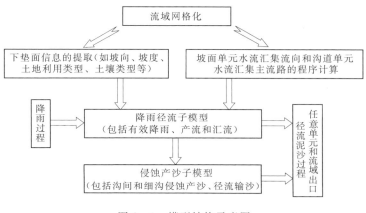

图 2-1 模型结构示意图

2.1.2 小流域网格的划分

空间分布式模型的建立与应用，离不开流域下垫面信息，地形起伏、坡度、坡向不仅是土壤的发育也是植被的生长和控制土壤水分的影响因素，还在一定程度上影响土地的利用方式。对一个小的汇流区，坡面的产流汇流与坡形有直接关系。对一个流域，各子流域相互间的径流网络则决定着流域出流的过程。因此，流域的数字高程以及土地利用现状、植被覆盖、土壤类型等数据被看做是支持空间分布式模型的基本参数，将流域进行网格化是模型建立的第一步。

为反映流域内地形地貌、土壤、植被和人类活动造成的下垫面变化等在空间分布的差异性，将流域网格化为多个连续的小单元。网格单元的划分原则是要使流域边界和河段能被网格所近似，同时，在每一个网格单元内要求其人类活动和下垫面要素（如土地利用类型、植被类型、土壤类型等）是基本均衡的。所以，为充分反映出流域的空间特性，单元格应足够小，但这将会限制模型在较大流域上的使用。从实用的观点看，当流域面积小于 1 万 hm^2 时，单个网格所代表的面积可取在 1~4hm^2 之间，其原则是一个单元的参数变化对流域整体行为的影响可忽略[61]。

网格划分之后，每一网格单元上的土地利用类型、坡度、坡向、植被类型、土壤类型、植被覆盖度等信息都以相应的代码存入数据文件。地理信息系统（GIS）和遥感技术（RS）的应用可大大降低人工处理的时间和成本。

2.1.3 小流域"沟坡分离"

坡面是土壤侵蚀发生的策源地,其对侵蚀产沙和泥沙汇集过程的影响相对较为直接。对坡面侵蚀进行模拟是流域模拟的基础,因此很多研究者在土壤侵蚀模型中并不严格划分沟道和坡面,同时把坡面侵蚀研究成果直接延伸拓展到小流域尺度上,其虽然在一定程度上推进了小流域尤其是分布式物理过程模型的研究进程,起到了积极的作用,但是,由于沟道和坡面在水文和侵蚀产沙物理过程中存在着很大差异,例如沟道水流动力强,其侵蚀和输沙能力一般是坡面的十几倍至几十倍,完全用坡面水流泥沙过程来代替沟道的过程其误差可能会相当大,因此"沟坡不分"和"以坡代沟"所带来的弊端也是显而易见的。针对实际的流域侵蚀产沙物理过程进行小流域沟道和坡面的区分,即"沟坡分离"是十分必要的。

"沟坡分离"的关键是确定"沟"(即沟道,流域的水流汇集主流路),而确定沟道的关键则是指定临界源区面积。临界源区面积太大,会导致沟道太短并稀疏,支流少;临界源区面积太小,又会导致沟道太密集。

典型沟道组成示意图见图2-2。通常在研究沟道的侵蚀发育过程中会发现:沟头(图2-2中红点位置)往往正对着一面坡,即是这条沟道的源区,随着降雨侵蚀过程的不断发生,源区的水流泥沙顺着坡面不断流失进入沟道,沟头位置则不断向源区内发育和延伸;而沟道两侧的左坡和右坡在降雨侵蚀作用下使沟道不断下切和展宽。

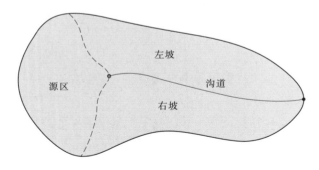

图2-2　典型沟道组成示意图

沟道是水流汇集和水沙输移的主要通道,其径流比较集中且水深在量级上比坡面要大。通过确定临界源区面积并经过递归计算可确定出流域沟道,进而流域内其余部分即为流域的坡面。这样"沟坡分离"后,可相应地对沟道和坡面采用不同的降雨径流和侵蚀产沙计算模式。

本书研究中对小流域沟道和坡面进行分离并分别研究其降雨径流和侵蚀产沙物理过程的力学机理和计算模式。

2.1.4 水流汇集网络的生成

在流域网格化之后，如何确定网格单元的水流汇集流向以及整个流域中的水流汇集主流路，即生成流域中水流汇集网络图，是模型计算中要解决的一个十分关键的技术问题。

（1）水流汇集流向。对于网格单元的水流汇集流向采用八方向法来确定[39]。其原理是：在流域网格化后，每个当前网格单元上的地表径流必定流入与其相邻的周边 8 个网格单元中的任意一个单元，那么相邻的 8 个单元就代表当前单元水流汇集的 8 个可能流向（图 2-3）；再依据读取的当前网格单元上的最大坡向信息数据，就能从 8个可能流向中唯一确定当前单元的水流汇集流向。除流域出口网格单元外，边界网格单元的水流汇集流向一般应确定为朝向流域内的方向；另外如果网格单元的坡向水平，例如水平梯地（田）等土地利用方式的网格单元，它们的水流汇集流向应为垂直于等高线并沿高程下降的方向。

图 2-3　水流汇集流向
（八方向法）

（2）水流汇集主流路。整个流域中的水流汇集主流路的确定，则从任意边界网格单元起算（除流域出口网格单元外）。根据当前网格单元和沿程所流经各网格单元水流汇集流向的指引，在流经的所有网格单元上传递并累加一个汇流数，传递计算过程直到算至流域出口网格单元（或者流回自身网格单元）时停止；接着依此过程计算另外的网格单元，直至将除流域出口网格单元外的所有网格单元都计算完毕；最后根据指定的临界源区面积，确定出汇流数不小于临界源区面积的网格单元为沟道，其他的网格单元则为坡面，而那些根据水流汇集流向所形成拓扑关系的沟道单元即组成水流汇集主流路。

根据以上原理，采用 Matlab 高级计算机语言[62][63]编写程序，计算机能自动生成基于网格的水流汇集网络图，使小流域各网格单元间成为一个有机联系的系统。所生成的水流汇集网络图是模型核心计算模块进行汇流和输沙计算的基础。

本书分布式模型的核心计算模块主要分为两个子模型，分别称为降雨径流子模型和侵蚀产沙子模型。

2.2 降雨径流子模型

2.2.1 有效降雨

有效降雨在定义上等于实际降雨扣除降雨损失所剩下的部分，在表现形式上为形成地表径流的那一部分降雨。降雨损失一般包括蒸发蒸腾、植物截留、填洼、土壤入渗等方式，因此有效降雨强度 I_e 的计算应由流域上的实际降雨强度 I 以及蒸发蒸腾、植物截留、填洼、土壤入渗等降雨损失所决定。

在黄土高原沟壑区，降雨产流方式以超渗产流为主，即当流域降雨强度超过土壤入渗能力时，便产生径流。一般情况下每次降雨都历时不长，降雨损失也主要为植物截留和土壤入渗两种方式，蒸发蒸腾和填洼损失量一般都很小，可以忽略。

本模型有效降雨计算中主要考虑植物截留和土壤入渗两种降雨损失，故而有效降雨的各组成成分以及相互之间的物理过程见图 2-4。

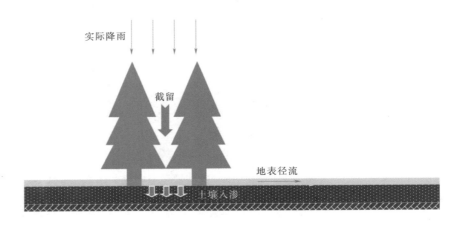

图 2-4　有效降雨示意图

2.2.2 植物截留

植物截留过程与土壤的渗透过程很相似，即当降雨被植物林冠截留后，产生初始截留强度；当植物林冠截留饱和后，仍具有一定的截留能力，称稳定截留强度。它们分别相当于土壤下渗过程中的初始下渗率和稳定下渗率。因此，这里采用 Horton 的渗透方程来描述植物截留损失的物理过程[64]。

$$J_t = J_c + (J_0 - J_c)e^{-at} \qquad (2-1)$$

式中　J_t——降雨过程中任意时刻的植物截留强度，mm/h;

　　　J_c——植物林冠稳定截留强度，mm/h;

　　　J_0——植物林冠初始截留强度，mm/h;

　　　α——植物林冠特性系数,%，取值与降雨强度和植物种类（林分）有关;

　　　t——降雨历时。

研究表明：初始截留强度 J_0 与降雨强度 I 和郁闭度 A 直接相关，且有 $J_0 = AI$；而稳定截留强度 J_c 与降雨强度 I 和林冠特性系数 α 有关，可由试验观测结果计算得到[64]。

2.2.3　土壤入渗

本书所基于的产流模式是超渗产流模式，这也是我国黄土高原地区最普遍适用的产流模式。超渗产流意味着只有当有效降雨强度超过土壤入渗能力时，地表才能形成径流。超渗产流模式示意图见图 2-5。

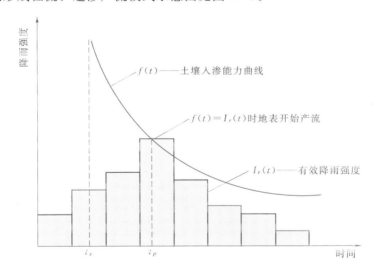

图 2-5　超渗产流模式示意图

而土壤入渗能力则采用物理概念明晰的 Green - Ampt 方程[65]来计算：

$$f = \frac{dF}{dt} = K\left[1 + \frac{(\theta_s - \theta_i)S_F}{F}\right] \qquad (2-2)$$

$$F = Kt + S_F(\theta_s - \theta_i)\ln\left(1 + \frac{F}{S_F(\theta_s - \theta_i)}\right) \qquad (2-3)$$

式中　f——土壤下渗能力，m³/s;

　　　F——土壤累积入渗量，m³;

　　　K——土壤饱和导水率，m/s;

t——时间，s；

S_F——土壤湿润锋面处土壤水吸力，m；

θ_s——土壤饱和含水率，m^3/m^3；

θ_i——土壤初始含水率，m^3/m^3。

土壤入渗过程模拟的关键是确定积水开始时刻 t_p。由 Green – Ampt 公式可知，土壤下渗能力 f 是随累积入渗量 F 的增加而减小的，当土壤下渗能力 f 逐渐下降到等于实际降雨强度 I，即 $f=I$ 时，此时地表开始产生径流，定义这个时刻为积水开始时刻 t_p，此时的累积入渗量为 F_p。

1. 恒定降雨强度情况

在降雨强度 I 恒定的情况下，可直接运用 Green – Ampt 土壤入渗方程计算。在积水开始 t_p 时刻，由于有 $f=I$ 关系成立，因此由式（2-2）可以求出：

$$F_p = \frac{(\theta_s - \theta_i)S_F}{\dfrac{I}{K} - 1}, \quad I > K \tag{2-4}$$

则积水时刻：

$$t_p = \frac{F_p}{I} = \frac{KS_F(\theta_s - \theta_i)}{I(I - K)} \tag{2-5}$$

因此，下渗过程可表示为：

$$f = I, \quad t \leqslant t_p \tag{2-6}$$

$$f = K\left[1 + \frac{(\theta_s - \theta_t)S_F}{F}\right], \quad t > t_p \tag{2-7}$$

式中 F 为积水开始 t_p 时刻之后的累积入渗量，由于不是从 $t=0$ 开始积水，根据 Mein & Larson 的研究[66]，F 的计算须采用如下修正后的公式，用牛顿迭代法求解：

$$F = K[t - (t_p - t_s)] + S_F(\theta_s - \theta_i)\ln\left[1 + \frac{F}{S_F(\theta_s - \theta_i)}\right], \quad t > t_p \tag{2-8}$$

t_s 表示假设由 $t=0$ 就开始积水到累积入渗量 $F=F_p$ 时所需的时间，计算如下：

$$Kt_s = F_p - S_F(\theta_s - \theta_i)\ln\left[1 + \frac{F_p}{S_F(\theta_s - \theta_i)}\right] \tag{2-9}$$

2. 非恒定降雨强度情况

由于 Green – Ampt 土壤入渗方程只适用于恒定降雨强度的情况，然而在实际情况下，降雨强度一般多为非恒定降雨强度的情况。为了能适用于更为普遍的非恒定降雨强度下土壤入渗能力的计算，本书运用预测校正法对 Green – Ampt 方程的迭代计算进行改进，以拓展 Green – Ampt 土壤入渗方程的适用范畴。具体改进方法如下。

将非恒定降雨强度下的降雨过程分解成由若干个降雨强度恒定的 Δt 时段组成，Δt 也就是分布式模型中的时间步长。

（1）在 $n=1$ 时（即第一个 Δt 时段内）。由于 Δt 时段内，降雨强度 I 恒定，因此可按恒定降雨强度情况来计算。首先预测在第一个 Δt 时段内还未开始积水或处于积水开始临界，则应有 $f=I$ 关系成立，所以：

$$F_p = \frac{(\theta_s - \theta_i)S_F}{I(l)/K - 1}, \qquad I(l) > K \tag{2-10}$$

如果 $t_p = \dfrac{F_p}{I} = \dfrac{KS_F(\theta_s - \theta_i)}{I(l)\big[I(l) - K\big]} < t$，则说明地表已开始积水，预测不成立，应校正有：

$$F(l) = K\Delta t + S_F(\theta_s - \theta_i)\ln\Big(1 + \frac{F(l)}{S_F(\theta_s - \theta_i)}\Big) \tag{2-11}$$

$$f = K\left[l + \frac{(\theta_s - \theta_i)S_F}{F(l)}\right] \tag{2-12}$$

如果 $t_p \geq t$，则预测成立，有：

$$f = I(l), \qquad F(l) = I(l)\Delta t \tag{2-13}$$

（2）在 n 时刻（$n>1$）。同样首先预测在此时段内还未开始积水或处于积水开始临界，则应有 $f=I$ 关系成立，所以有 $F(n) = F(n-1) + I(n)\Delta t$。

假如 $t_p = \dfrac{F(n)}{I(n)} < t$，则说明地表已经积水，预测不成立，应校正有：

$$F = K[t - (t_p - t_s)] + S_F(\theta_s - \theta_i)\ln\left[1 + \frac{F}{S_F(\theta_s - \theta_i)}\right] \tag{2-14}$$

$$f = K\left[1 + \frac{(\theta_s - \theta_i)S_F}{F}\right] \tag{2-15}$$

$$F(n) = F(n-1) + f\Delta t \tag{2-16}$$

式（2-14）中 t_s 表示假设由 $t=0$ 就开始地表积水到 $F=F_p$ 时所需的时间，按式（2-9）计算。

假如 $t_p = \dfrac{F(n)}{I(n)} \geq t$，则预测成立，有：

$$f = I(n) \tag{2-17}$$

$$F(n) = F(n-1) + I(n)\Delta t \tag{2-18}$$

式中　$F(n)$ ——n 时刻的累积入渗量，其他变量含义同上。

需要说明的是，为了保证计算的精度，时间步长 Δt 不能取得太大（最好不超过 100s），不然会因为时间间隔太大而影响计算的精度，并引起较大的误差。

2.2.4　地表径流

模型中每个网格单元的地表径流计算，采用水量连续平衡方程（Beasley et

al.)[67]，表示为：

$$\frac{dW}{dt} = W_i - W_o \qquad (2-19)$$

式中　W——单元中所滞留的水量，m^3；

　　　　t——时间，s；

　　　　W_i——进入单元格的水量，m^3；

　　　　W_o——流出单元格的水量，m^3。

而在 Δt 时间内单元格所滞留的水量（以体积计，下同）又可进一步表示为：

$$\frac{dW}{dt} = [A(i,t) - A(i,t-\Delta t)]\Delta x \qquad (2-20)$$

式中　$A(i,t)$ 和 $A(i,t-\Delta t)$——分别代表 t 时刻以及 $t-\Delta t$ 时刻垂直于径流方向的过水断面面积，m^2；

　　　　Δx——网格空间步长（正方形网格），m；

　　　　Δt——模型时间步长，s。

进入单元格的水量 W_i 包括有效降雨量和从相邻单元汇入当前单元的水量之和，可表示为：

$$W_i = I_e(i,t)\Delta t \Delta x^2 + \sum_{u \leqslant 8} Q(u,t-\Delta t)\Delta t \qquad (2-21)$$

式中　$I_e(i,t)$——当前时刻有效降雨强度，m/s；

　　$Q(u,t-\Delta t)$——$t-\Delta t$ 时刻相邻单元汇入当前单元的流量，m^3/s；

　　　　u——相邻 8 个网格单元中汇入当前单元的那些网格单元。

流出单元格的水量 W_o 即为进入下一相邻单元格的水量，可表示为：

$$W_o = Q(i,t)\Delta t \qquad (2-22)$$

式中　$Q(i,t)$——当前时刻流出单元格的流量，m^3/s。

由于在本书中实行了流域的"沟坡分离"，其中把流域的水流汇集主流路单元定义为沟道，其余单元定义为坡面。所以，地表径流计算过程也相应地分为如下的坡面径流计算和沟道径流计算两部分。

（1）坡面径流计算。在坡面单元的地表径流计算中，由于坡面径流深度较小，并常在整个网格单元上漫流，因此把垂直于径流方向的坡面水流断面面积 A 概化成以网格空间步长为边长的矩形断面，坡面径流示意图见图 2-6。

此时坡面径流深度 h 可采用下式计算：

$$h = \frac{A}{\Delta x} \qquad (2-23)$$

式中　A——垂直于径流方向的矩形过水断面面积，m^2；

　　　　Δx——网格空间步长（正方形网格），m。

坡面单元流速 v 采用谢才（A. Chezy）公式计算：

$$v = \frac{1}{n} h^{\frac{2}{3}} S_0^{1/2} \qquad (2-24)$$

式中　n——曼宁糙率系数，根据流域下垫面因子和土地利用类型的不同而选取
　　　　相应的值，具体参考 L. F. Huggins[68][69] 等人的成果；

　　　S_0——网格单元地表坡度比降；

　　　h——径流深度，m。

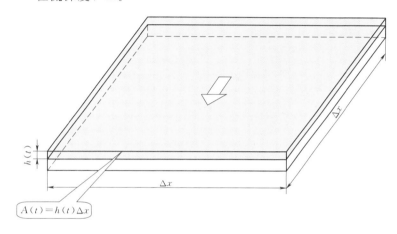

图 2-6　坡面径流示意图

（2）沟道径流计算。在沟道单元的地表径流计算中，由于沟道是水流汇集和水沙输移的主要通道，其径流深度较大，并且沟道过水往往只占整个网格单元的一部分，相应的沟道径流示意图见图 2-7。

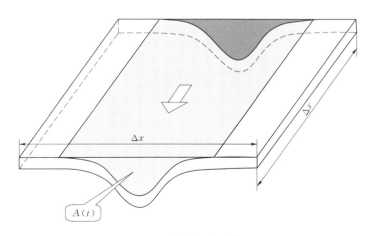

图 2-7　沟道径流示意图

由于水流并不在整个网格单元上漫流，因此沟道过水断面面积 A 并不能像坡面那样概化成分布于整个网格单元边长的矩形断面，而必须根据沟道的水位-流量（即 $h - Q$）关系，运用谢才公式 $Q = \dfrac{A}{n} h^{2/3} S_0^{1/2}$ 来确定沟道上各级实测流量 Q 所对应的过水面积 A 的值，即 $A - Q$ 对应曲线，再与水量连续平衡方程式（2-19）~式（2-22）相结合，采用牛顿迭代法求解出 $A(i,t)$，并通过谢才公式求得 h 和 v。

模型中整个流域的地表径流计算原理为：程序自动判断当前网格单元是坡面网格单元还是沟道网格单元，并自动调用相应的地表径流计算公式计算出当前网格单元的地表径流，然后通过程序所生成的水流汇集网络图，并运用水量连续平衡方程，将流域中的各个网格单元联系起来进行水流汇集计算，即可确定小流域任意网格单元在时间和空间分布上的产汇流过程。

2.3　侵蚀产沙子模型

土壤侵蚀与流域产沙是流域系统中两个既有密切联系又有一定区别的物理过程。从物质运动形式的广义上讲，土壤侵蚀与流域产沙的概念是统一的，但从力学角度的狭义上讲，其发生的力学机理又有所区别；另外从物理过程的先后次序上讲，只有当土壤侵蚀发生后，流域产沙才有实际意义，因为土壤侵蚀为流域产沙提供了能量过程中物质流的来源，也就是说土壤侵蚀是流域产沙的必要条件。

土壤侵蚀是土壤及其母质在水力、风力、重力、冻融等外引力作用下被破坏、剥蚀、搬运和沉积的过程。一般可分为水力侵蚀、风力侵蚀、重力侵蚀等三大类[70]-[77]。本文中所涉及的土壤侵蚀类型主要是水力侵蚀，它也是我国土壤侵蚀的主要方式，即由降雨和径流所导致的地表物质的分散和移动的物理过程，在整个过程中，侵蚀物质的输移和产出始终以水力侵蚀能量的流动为纽带。

流域产沙是指某一流域或某一集水区内的侵蚀物质向其出口断面的有效输移过程，流域产沙归根结底来自于流域内的土壤侵蚀。使侵蚀物质有效移动的力，如果是径流引起的，则称为水力产沙。

由于侵蚀物质在水力输移过程中不可避免地有沉积发生，因此，在有限的某一时段内，并不是全部的流域产沙量都能汇集到集水区的出口断面。汇集到集水区某一断面或流域出口断面的侵蚀量称为输沙量。一般情况下，输沙量只是流域产沙量的一部分。

本模型模拟流域地表水力侵蚀的两类形态，即沟间侵蚀产沙和细沟侵蚀产沙。

2.3.1　沟间侵蚀产沙

沟间侵蚀产沙一般是由薄层片状水流冲刷和降雨击溅侵蚀坡面或细沟之间

而导致的产沙过程。当实际降雨满足植物截留、土壤入渗等损失后，首先在坡顶段形成薄层或片状水流，并向坡下方汇集，薄层（片状）水流水深一般很小，多呈薄层状或片状在地表漫流，是沟间地泥沙输移的主要动力。

本模型采用 Foster 和 Meyer 提出的公式[72]来计算沟间侵蚀产沙能力：

$$D_l = \xi_l C_0 K_0 I_e^2 [2.96\sin\theta^{0.79} + 0.56] \qquad (2-25)$$

式中　D_l——沟间侵蚀产沙能力，kg/(m²·s)；

　　　ξ_l——沟间侵蚀产沙系数；

C_0、K_0——土壤侵蚀力因子和植被管理因子，具体取值采用土壤流失通用方程（USLE）中的相应值；

　　　I_e——有效降雨强度，m/s；

　　　θ——单元地表坡度。

2.3.2　细沟侵蚀产沙

当薄层片状水流进一步汇集和流量的不断增大，加上坡面地貌条件的不均匀性，片状的水流状态难以完全保持，部分水流会自行以股状形式汇集，并形成侵蚀细沟，即细沟流。由细沟流冲刷侵蚀所导致的产沙过程称为细沟侵蚀产沙。

相比较而言，细沟流的动能远大于片流，因此细沟流形成的细沟侵蚀比片流所形成的沟间侵蚀也要严重得多。根据黄土地区径流试验小区的观测，同一时段内单位面积上的细沟侵蚀产沙量比沟间侵蚀产沙量可大 7 倍之多。因此，细沟侵蚀产沙在整个流域产沙过程中占有重要地位。

虽然细沟侵蚀占有很重要的地位，但并不是说只要有沟间侵蚀发生，就一定有细沟侵蚀出现。发生细沟侵蚀是要有一定条件的，只有当沟间径流的动能达到一定值，使水流挟沙能力大于沟间侵蚀产沙能力（即沟间径流输沙不饱和）时才可能出现细沟侵蚀。

本模型中细沟侵蚀产沙能力同样采用 Foster 和 Meyer 提出的公式进行计算：

$$D_r = \xi_r C_0 K_0 \tau^{1.5} \qquad (2-26)$$

其中　　　　　　　　　　　$\tau = \gamma h \sin\theta$

式中　D_r——细沟侵蚀产沙能力，kg/(m²·s)；

　　　ξ_r——细沟侵蚀产沙系数；

　　　τ——地表径流剪切力，N/m²；

　　　γ——水的容重；

　　　h——地表径流水深；

其他符号含义同上。

2.3.3 地表径流输沙

地表径流输沙只占流域侵蚀产沙的一部分，另一部分流域产沙往往因为地表径流输沙能力饱和而沉积下来，不能被地表径流输移到流域出口。

本模型中地表径流输沙能力计算公式采用曹文洪（1995 年）通过黄土高原地区部分小流域大量地表径流输沙实测资料拟合的经验关系式[73]，可表达为：

$$g_s(t) = 80I_r^{2.5}(t) + 0.00228[\rho'q(t)S_0]^{1.2} \tag{2-27}$$

式中 $g_s(t)$ ——地表径流单宽输沙率，g/(m·s)；

$I_r(t)$ ——有效降雨强度，mm/min；

ρ' ——浑水密度，g/L；

$q(t)$ ——地表径流单宽流量，L/(m·s)；

S_0 ——以弧度计的坡度。

本模型中地表径流输沙计算流程见图 2-8，其计算原理为：小流域在降雨径流作用下发生沟间侵蚀产沙时，若单元内的沟间侵蚀产沙能力大于地表径流输沙能力，则通常不发生细沟侵蚀，且单元内有泥沙淤积，此时小流域实际输沙量等于地表径流输沙能力；反之，若沟间侵蚀产沙能力小于地表径流输沙能力，则通常会发生细沟侵蚀，此时又分为两种情况：若地表径流输沙能力大于

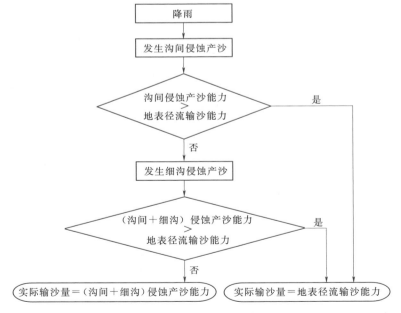

图 2-8 地表径流输沙计算流程

沟间侵蚀产沙能力与细沟侵蚀产沙能力之和,则实际输沙量等于沟间侵蚀产沙能力与细沟侵蚀产沙能力之和,单元内无泥沙淤积;若地表径流输沙能力小于沟间侵蚀产沙能力与细沟侵蚀产沙能力之和,则实际输沙量等于地表径流输沙能力,单元内有泥沙淤积。

2.4 模型的率定和验证

2.4.1 典型小流域概况

为了验证和应用本书所建立的分布式侵蚀产沙数学模型,选取了典型小流域——陕西省镇巴县黑草河小流域,并对黑草河小流域进行了实地踏勘,同时进行了实测资料的收集和相关信息的提取工作。

黑草河小流域位于陕西省镇巴县东南部,处于巴山南坡,流域面积24.85km²,地貌属土石山区;流域内土壤以黄褐土和紫色砂壤土为主,粒径较细,疏松通透;该地区年内降雨分布不均,主要集中于5—9月,且降雨多以暴雨的形式出现,导致因场次暴雨产生的水土流失较为严重。流域内在主沟道上建有大田包水文站,其控制面积为23.7km²,黑草河小流域示意图如图2-9。

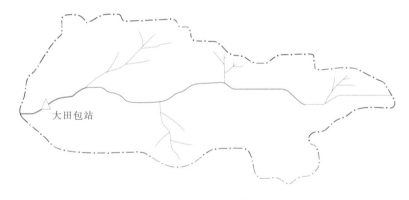

图2-9 黑草河小流域示意图

在模型中,按200m×200m划分网格,将黑草河小流域网格化为593个正方形网格单元,每一网格单元的面积为4hm²。黑草河小流域的土地利用类型、坡度、坡向、植被类型、土壤类型、植被覆盖度等信息,通过流域地形等高线图、土地利用类型图、植被分布图和其他实地量测数据资料整理得到[39][40]。黑草河小流域土地利用类型分布见图2-10。

由模型程序计算出的黑草河小流域水流汇集主流路见图2-11。其中指定的临界源区面积为0.4km²,即汇流数为10。流域出口单元为第13行第1列的单元格。

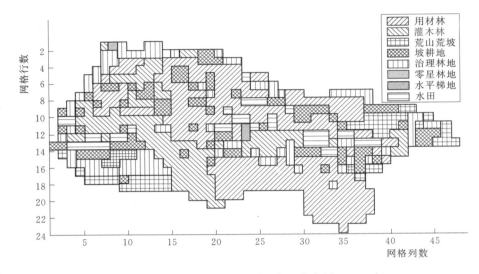

图 2-10 黑草河小流域土地利用类型分布图（1985 年）

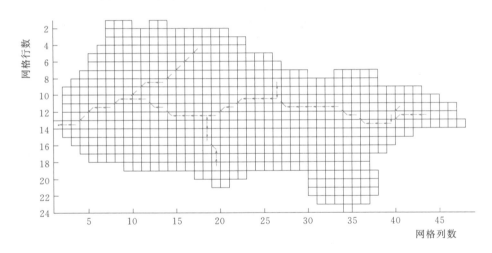

图 2-11 黑草河小流域水流汇集主流路

黑草河小流域实测的水深 H 与流量 Q 的关系曲线见图 2-12。

2.4.2 模型的率定

模型的率定选取了黑草河小流域 1984 年 9 月 6 日和 1985 年 5 月 11 日的两次降雨产沙过程，模型计算的时间步长为 $\Delta t = 60s$。

（1）前期降雨量的影响。在黄土高原沟壑区，前期降雨状况对所模拟某一场次降雨径流的土壤初始含水率影响较大，一般应对土壤初始含水率 θ_i 的取值

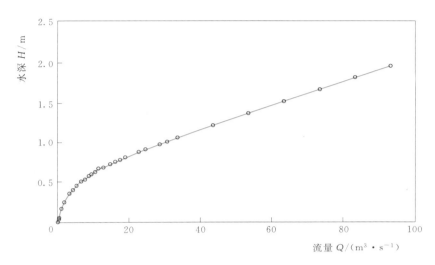

图 2-12 黑草河小流域 H-Q 关系曲线

作相应的修正。采用王治华等[74]确定的前期降雨量的校正系数 C_s，对土壤初始含水率 θ_i 进行修正。

$$C_s = \begin{cases} 2.2956 & \text{（前期多雨量降雨）} \\ 1/4.4584 & \text{（前期久无雨降雨）} \\ 1 & \text{（其他降雨）} \end{cases}$$

对于 1984 年 9 月 6 日的这一场次降雨事件，由黑草河小流域降水量摘录表可以查得前期有连续降雨，因此取校正系数 $C_s = 2.2956$；而对于 1985 年 5 月 11 日的这一场次降雨事件，由于前期久无雨干燥，取校正系数 $C_s = 1/4.4584$。

（2）参数的率定。模型中根据土壤测定资料确定土壤饱和导水率 $K = 1.19 \times 10^{-6}$ m/s，土壤饱和含水率 $\theta_s = 0.518$，湿润锋面处土壤水吸力 $S_F = 0.02$m，并用以上大田包站 2 个场次的实测降雨和产沙资料率定土壤初始含水率 $\theta_i = 0.216$；沟间侵蚀产沙参数 $\xi_i C_0 K_0 = 0.0005$、细沟侵蚀产沙参数 $\xi_r C_0 K_0 = 2.28$，结果见图 2-13～图 2-16，可见率定的参数基本反映了小流域产汇流、侵蚀产沙的物理过程。

2.4.3 模型的验证

模型参数率定之后，采用 1985 年 9 月 15 日黑草河小流域的实测降雨径流和产沙过程（前期有降雨，但降雨量较小，取 $C_s = 1$）对模型进行了验证计算。

1985 年 9 月 15 日黑草河小流域的实测降雨过程见图 2-17，图 2-18 和图 2-19 分别为大田包站流量过程和输沙率过程的实测值与计算值的验证对比曲线。

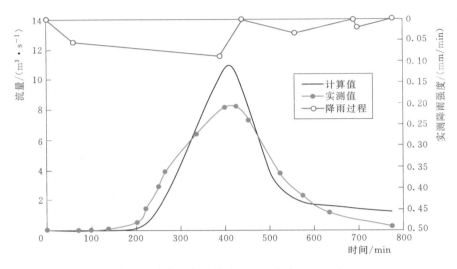

图 2－13　大田包站实测与计算流量过程率定（1984 年 9 月 6 日）

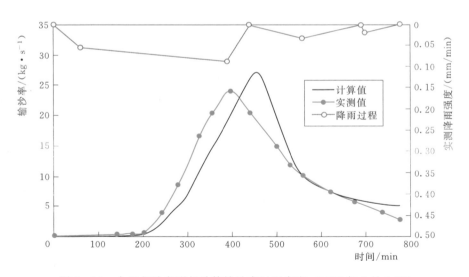

图 2－14　大田包站实测与计算输沙率过程率定（1984 年 9 月 6 日）

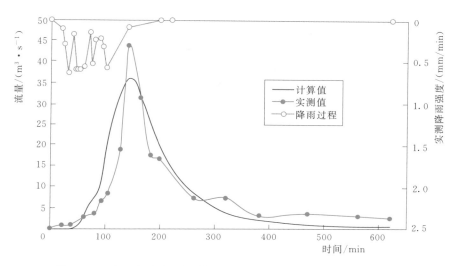

图 2-15 大田包站实测与计算流量过程率定（1985 年 5 月 11 日）

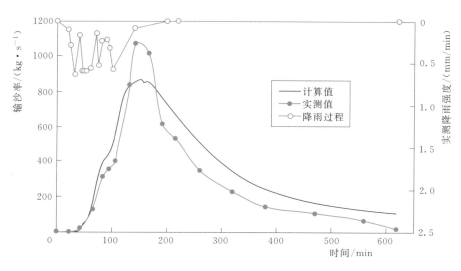

图 2-16 大田包站实测与计算输沙率过程率定（1985 年 5 月 11 日）

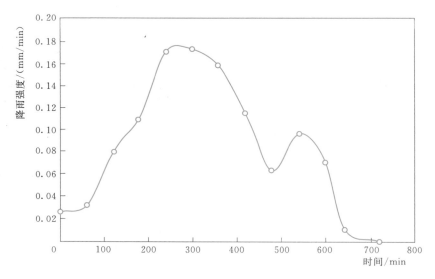

图 2-17　黑草河小流域实测降雨过程（1985 年 9 月 15 日）

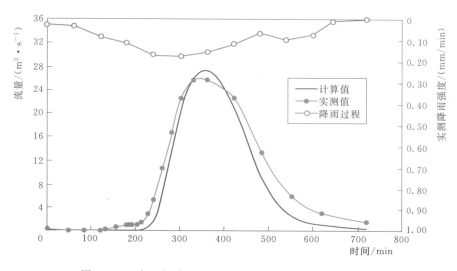

图 2-18　大田包站流量过程的验证（1985 年 9 月 15 日）

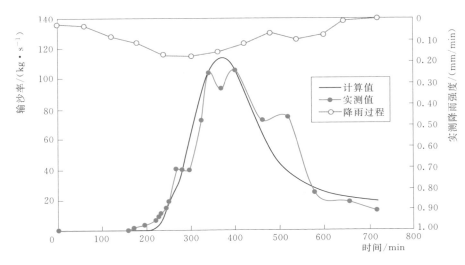

图 2-19 大田包站输沙率过程的验证（1985 年 9 月 15 日）

在此次降雨（1985 年 9 月 15 日）过程中，实测流域出口总径流量为 34.35 万 m³，计算的流域出口总径流量为 31.16 万 m³，径流量误差为 +9.3％；实测流域出口总输沙量为 1493.6t，计算的流域出口总输沙量为 1550.4t，输沙量误差为 +3.8％。验证计算结果表明模型计算值与流域实测值基本符合良好，说明所建立的模型在模拟和复演场次降雨事件的地表径流过程和侵蚀产沙过程中具有较好的准确性和可靠性。

不仅如此，从图 2-20 和图 2-21 中可以看出，模型还能模拟并输出流域内

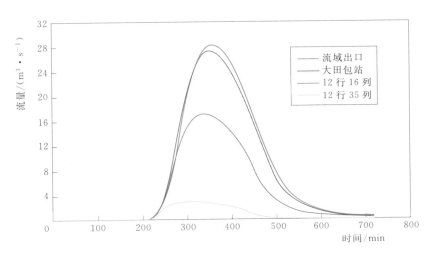

图 2-20 计算输出的不同网格单元的流量过程线（1985 年 9 月 15 日）

任意网格单元的径流和输沙过程，这在传统的集总式模型中是办不到的。正是分布式侵蚀产沙模型的这一优势，使人们可以检测不同水保措施对小流域径流输沙产生的响应，并为配置流域内水土保持措施和优化流域管理，提供技术支撑和科学依据。

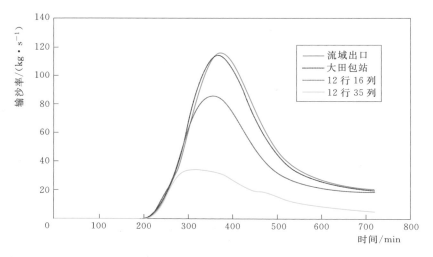

图 2-21　计算输出的不同网格单元的输沙率过程线（1985 年 9 月 15 日）

2.5　本章小结

本章介绍了作者自主开发建立的黄土高原地区基于场次暴雨的小流域降雨径流和侵蚀产沙分布式模型。该模型具有很强的物理基础，体现在模型构建过程中先后依次研究了有效降雨、植物截留、土壤入渗、地表径流、土壤侵蚀、径流输沙和流域产沙等一系列物理过程的力学机理，并且模型还创造性地实现了两个"分离"，即"沟坡分离"和"产输沙分离"，使模型在物理概念和实际力学机制的区分上更臻清晰。

模型选取了陕西省典型小流域进行了率定和验证，验证结果表明模型计算值与流域实测值基本符合，说明所建立的模型在模拟和复演场次降雨事件的地表径流过程和侵蚀产沙过程中具有较好的准确性和可靠性。

同时模型还模拟并输出了流域内不同空间网格单元的径流和输沙过程，体现了分布式模型在模拟空间差异性方面的优势，进一步可为配置流域内水土保持措施和优化流域管理提供技术支撑和科学依据。

3 水土保持措施配置的减水减沙效益研究

3.1 水土保持措施及评价方法

长期以来，我国坚持以小流域为单元，采用工程措施、生物措施和耕作措施相结合的综合治理方法，取得了巨大的社会效益、经济效益和生态效益。

工程措施分为坡面工程措施和沟谷工程措施，其中坡面工程措施主要包括梯田、蓄水池和造林整地等；沟谷工程措施包括沟头防护、谷坊、淤地坝和小型水库，主要是通过直接拦截降雨径流和侵蚀产生的泥沙，达到减少流域水土流失的目的。

生物措施主要有封山育林、植树种草和改造荒山荒坡等，改善和恢复植被。它除了截留降雨和径流外，以增加地表覆盖度、地表糙率和土壤下渗以及减少雨滴对地面的打击力为其主要特征，使得部分水流的路径发生改变，从而减少地表径流；同时通过植物根系、林冠对地面的保护作用，提高土壤的抗蚀能力。

蓄水保土耕作措施包括免耕、减耕、等高耕作、等高沟垄种植等，既能蓄水保土，又提高抗旱能力，增产增收。

水土保持综合治理改变了流域下垫面的状况，迫切需要对水土保持措施的减水减沙效益进行科学评价。多年来，我国在流域的减水减沙效益研究中提出了多种计算方法[75]，但由于流域影响因素的复杂性，同一流域的分析计算结果都存在一定的差异。因此，开发和建立合理、准确的计算方法仍然是水土保持效益评价的关键问题。目前常用的水土保持减水减沙效益的评价方法主要是水文法和水保法两种。水文法也称统计分析法，它是利用水文泥沙观测资料分析水土保持措施减水减沙效益的一种方法。该方法直观、简单、计算方便，在资料涉及范围内具有可靠的精度，但在范围外延，尤其是在衡量人类活动对径流泥沙的影响精度难以控制。水保法也称成因分析法，它是利用水土保持措施数量及其有关减水减沙效益测试指标逐项计算、汇总的一种分析方法。其关键是水土保持措施数量的统计和减水减沙指标的确定，但受现行统计制度及研究测试手段的影响，具有一定的局限性。此外，近年来基于侵蚀力学、水文学、水力学和泥沙运动力学等基本理论也开发了具有物理成因基础的侵蚀产沙模型，但大多是集总式模型。上述这些计算方法只能评估流域总体的减水减沙效益，难以评价不同水土保持措施配置的效果。

对于一个综合治理的流域，常是多种水土保持措施的镶嵌配置，一方面，如何区分流域内各类治理措施的效果，将直接影响减水减沙计算的精度；另一方面，如何优化配置流域内不同水土保持措施，使其达到最佳效果也是极为重要的。

为此，利用本书建立起来的基于场次暴雨的小流域产汇流和侵蚀产沙分布式数学模型，以陕西省镇巴县黑草河小流域为例，对多种水土保持措施和不同土地利用方式配置方案的减水减沙效益进行数值模拟计算，以探讨和检测不同水土保持措施和土地利用方式对小流域径流输沙所产生的响应，为配置流域内水土保持措施和优化流域管理提供技术支撑和科学依据。

3.2　水土保持方案设计

截至 1985 年，黑草河小流域基本治理完成，流域内共有 8 种土地利用类型。各种土地利用类型所占比例为：用材林面积为 892hm²，占全流域面积的37.6%；灌木林面积为 424hm²，占 17.9%；荒山荒坡面积为 192hm²，占8.1%；坡耕地面积为 344hm²，占 14.5%；治理林地面积为 356hm²，占15%；零星林地面积为 4hm²，占 0.2%；水平梯地面积为 8hm²，占 0.3%；水田面积为 152hm²，占 6.4%。8 种土地利用类型在黑草河小流域上的分布见图 3 - 1。

为定量检测不同水土保持措施以及不同土地利用方式在同一场次降雨事件中对小流域产流产沙的影响，特设计以下两组共 8 个方案，如下所述。

（1）方案一。保持现状不变，即维持现有各土地利用方式和水土保持措施配置（1985 年）。

（2）方案二。现有其他各地块维持不变，但平整坡耕地使其改造为水平梯

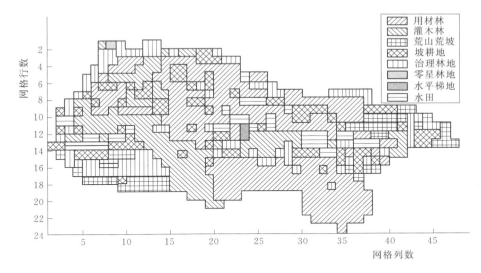

图 3-1 黑草河小流域土地利用类型分布图（截至 1985 年）

地（坡改梯）——水土保持工程措施。

（3）方案三。现有其他各地块维持不变，但改造荒山荒坡使其成为治理林地——水土保持生物措施。

（4）方案四。假设流域内全部为荒山荒坡，但维持各地块原有坡度坡向不变（例如原来为水平梯地和水田的地块仍然保持坡度水平）。

（5）方案五。在方案一中为用材林的地块，仍恢复其用材林土地利用方式，其余各地块同方案四，仍为荒山荒坡。

（6）方案六。在方案一中为灌木林的地块，仍恢复其灌木林土地利用方式，其余各地块同方案四，仍为荒山荒坡。

（7）方案七。在方案一中为坡耕地的地块，仍恢复其坡耕地土地利用方式，其余各地块同方案四，仍为荒山荒坡。

（8）方案八。在方案一中为治理林地的地块，仍恢复其治理林地土地利用方式，其余各地块同方案四，仍为荒山荒坡。

其中，方案一为定量检测不同水土保持措施减水减沙效益的基准方案，方案二和方案三的设计目的是以方案一为对比基准，定量检测水土保持工程措施（方案二）与水土保持生物措施（方案三）分别对小流域产流产沙的影响。方案四为定量检测不同土地利用方式减水减沙效益的基准方案，方案五～方案八的设计目的是以方案四（未实施任何治理措施，全部为荒山荒坡）为对比基准，来定量检测不同土地利用方式对小流域产流产沙的影响。

3.3　水土保持减水减沙效益计算

选取 1985 年 9 月 15 日的场次降雨事件作为各方案计算的降雨条件，应用所建立的基于场次暴雨的小流域产汇流和侵蚀产沙分布式数学模型进行各方案预报计算，模型参数值与验证时所取值相同。值得说明的是，在计算之前，对于有些方案还需要对下垫面信息数据文件作相应调整，例如在方案二水土保持工程措施中应将相应坡耕地地块的坡度作水平调整为水平梯地，地块的糙率也相应进行调整；而在其他方案中，除了同样要对糙率进行调整外，植被覆盖度等下垫面信息数据文件也需要相应进行调整。通过数学模型计算的不同水土保持措施和不同土地利用方式下大田包站径流量和输沙量结果分别见表 3-1 和表 3-2。

表 3-1　　不同水土保持措施下大田包站径流量和输沙量计算结果

方案号	改变的面积 /hm²	计算总径流量 /万 m³	计算总输沙量 /t
一	基准	31.1615	1550.399
二	344	26.2395	1342.348
三	192	30.7583	1525.516

注　方案一为方案二和方案三的基准对比方案。

表 3-2　　不同土地利用方式下大田包站径流量和输沙量计算结果

方案号	改变的面积 /hm²	计算总径流量 /万 m³	计算总输沙量 /t
四	基准	38.7543	2111.643
五	892	34.1780	1684.185
六	424	37.1735	2076.173
七	344	38.9343	2118.629
八	356	37.9995	2065.298

注　方案四为方案五～方案八的基准对比方案。

3.3.1　减水效益

各个方案的减水效益计算公式为：

$$当前方案减水效益 = \frac{基准方案总径流量 - 当前方案总径流量}{水土保持措施（或土地利用方式）改变的面积}$$

（1）不同水土保持措施的减水效益。

1）方案二将坡耕地改为水平梯田的面积为 344hm²，减水量为 49220m³，减水效益为 143.1m³/hm²。

2）方案三将荒山荒坡改为治理林地的面积为 192hm²，减水量为 4032m³，减水效益为 21.0m³/hm²。

（2）不同土地利用方式的减水效益。在方案四（基准方案）中假定流域内全部为荒山荒坡，其计算总径流量为 38.7543 万 m³，而整个流域面积为 2372hm²，因此荒山荒坡地块的产流模数为 163.4m³/hm²。

1）方案五将荒山荒坡土地利用方式改变为用材林的面积为 892hm²，产流模数为 112.1m³/hm²，减水量为 45763m³，减水效益为 51.3m³/hm²。

2）方案六将荒山荒坡土地利用方式改变为灌木林的面积为 424hm²，产流模数为 126.1m³/hm²，减水量为 15808m³，减水效益为 37.3m³/hm²。

3）方案七将荒山荒坡土地利用方式改变为坡耕地的面积为 344hm²，产流模数为 168.6m³/hm²，减水量为 −1800m³，减水效益为 −5.2m³/hm²。

4）方案八将荒山荒坡土地利用方式改变为治理林地的面积为 356hm²，产流模数为 142.2m³/hm²，减水量为 7548m³，减水效益为 21.2m³/hm²。

不同土地利用方式的产流模数和减水效益见图 3−2。

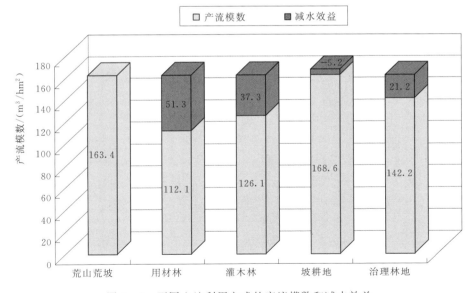

图 3−2　不同土地利用方式的产流模数和减水效益

综合分析以上各方案的减水效益可以得出：水土保持工程措施（坡耕地整平为水平梯地）的减水效益（143.1m³/hm²）＞水土保持生物措施（荒山荒坡

改造为治理林地）的减水效益（21.0m³/hm²）；而定量分离的各种不同土地利用方式的减水效益大小排列顺序为：用材林（51.3m³/hm²）＞灌木林（37.3m³/hm²）＞治理林地（21.2m³/hm²）＞荒山荒坡（对比基准）＞坡耕地（－5.2m³/hm²）。计算结果表明：由于治理林地尚未形成完整的枯枝落叶层，减水效益较之天然用材林和灌木林为小；荒山荒坡上开垦坡耕地增加了水的流失。

3.3.2 减沙效益

各个方案的减沙效益计算公式为：

$$当前方案减沙效益 = \frac{基准方案总输沙量 - 当前方案总输沙量}{水土保持措施（或土地利用方式）改变的面积}$$

（1）不同水土保持措施的减沙效益。

1）方案二将坡耕地改为水平梯地的面积为 344hm²，减沙量为 208051kg，减沙效益为 605kg/hm²。

2）方案三将荒山荒坡改为治理林地的面积为 192hm²，减沙量为 24883kg，减沙效益为 130kg/hm²。

（2）不同土地利用方式的减沙效益。在方案四（基准方案）中假定流域内全部为荒山荒坡，其计算总输沙量为 2111643kg，而整个流域面积为 2372hm²，因此荒山荒坡地块的产沙模数为 890kg/hm²。

1）方案五将荒山荒坡土地利用方式改变为用材林的面积为 892hm²，产沙模数为 411kg/hm²，减沙量为 427458kg，减沙效益为 479kg/hm²。

2）方案六将荒山荒坡土地利用方式改变为灌木林的面积为 424hm²，产沙模数为 806kg/hm²，减沙量为 35471kg，减沙效益为 84kg/hm²。

3）方案七将荒山荒坡土地利用方式改变为坡耕地的面积为 344hm²，产沙模数为 910kg/hm²，减沙量为 －6986kg，减沙效益为 －20kg/hm²。

4）方案八将荒山荒坡土地利用方式改变为治理林地的面积为 356hm²，产沙模数为 760kg/hm²，减沙量为 46345kg，减沙效益为 130kg/hm²。

不同土地利用方式的产沙模数和减沙效益见图 3-3。

同样的，对以上各方案的减沙效益进行分析可以得出：水土保持工程措施（坡耕地整平为水平梯地）的减沙效益（605kg/hm²）大于水土保持生物措施（荒山荒坡改造为治理林地）的减沙效益（130kg/hm²）；而定量分离的各种不同土地利用方式的减沙效益大小排列顺序为：用材林（479kg/hm²）＞治理林地（130kg/hm²）＞灌木林（84kg/hm²）＞荒山荒坡（对比基准）＞坡耕地（－20kg/hm²），值得注意的是减沙效益排列顺序与减水效益的排列顺序并不完

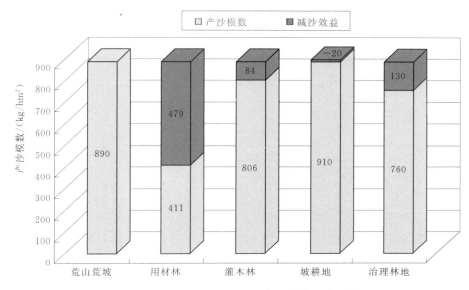

图 3-3 不同土地利用方式的产沙模数和减沙效益

全相同，同时，荒山荒坡上开垦耕地增加了土壤的流失。

3.4 流域优化配置方案

小流域的水土保持措施配置需要因地制宜，在实现减水减沙效益的同时，一般也应考虑该地区生产实际情况和当地人民的生活需求等各种其他因素。

本书主要以水土保持的减水减沙效益为目标，通过以上各方案定量分离计算和对比分析所得结论，对黑草河小流域水土保持措施进行优化配置，所得措施配置方案可作为小流域治理措施决策时的参考并提供一定的科学依据。

水土保持措施优化配置是在黑草河小流域 1985 年的土地利用方式（治理现状）基础上进行。黑草河小流域水土保持措施优化配置的原则如下所述。

（1）保持现有小流域治理格局基本不变，不提倡对多个地块的原有土地利用方式或水保措施进行改变，避免无谓地增加治理成本。

（2）水土保持工程措施的减水减沙效益优于水土保持生物措施，在需要调整的地块中适当优先考虑采用水土保持工程措施。

（3）对少数减水减沙效益差的地块可因地制宜改为其他合适的减水减沙效益相对较好的土地利用方式或水土保持措施。

黑草河小流域水土保持措施优化配置方案：将坡耕地整平为水平梯田；同时将荒山荒坡和零星林地的土地利用方式改为减水减沙效益较好的治理林地；

其他地块维持现状不变。

经过优化配置之后的黑草河小流域各种土地利用类型所占比例分别为：用材林面积为 892hm²，占 37.6%；灌木林面积为 424hm²，占 17.9%；治理林地面积为 552hm²，占 23.3%；水平梯田面积为 352hm²，占 14.8%；水田面积为 152hm²，占 6.4%。

采用 1985 年 9 月 15 日的降雨过程，在以上优化配置方案下所计算的大田包站径流量为 25.77 万 m³，输沙量为 1316.9t，而采用相同的降雨过程在治理现状方案（1985 年）下计算的黑草河小流域大田包站径流量为 31.16 万 m³，输沙量为 1550.4t。在此次降雨事件过程中，优化配置方案比治理现状方案减少径流量 5.39 万 m³，减水 17.3%；减少输沙量 233.5t，减沙 15.1%。另外计算了黑草河小流域在未经治理方案（全部地块假设为荒山荒坡，同方案四）下的大田包站径流量为 38.75 万 m³，输沙量为 2111.6t。未经治理方案比治理现状方案增加径流量 7.59 万 m³，增加的径流量占治理现状方案下计算径流量的 24.3%；增加输沙量 561.2t，增加的输沙量占治理现状方案下计算输沙量的 36.2%。

未经治理、治理现状和优化配置各方案下计算的流量和输沙量过程见图 3-4 和图 3-5。

从图 3-4 和图 3-5 几个方案之间的比较还可以看出，各方案下小流域开始产流产沙的时刻以及出现洪峰、沙峰的时刻不同步，其中未经治理方案下产汇流最快，治理现状方案次之，优化配置方案产汇流最慢。出现以上现象的原因是由于小流域在经过治理或优化配置的过程中改变了地表的糙率、平整了坡度和增加了植被覆盖度等因素，而导致汇流路径变长、径流流速变小。

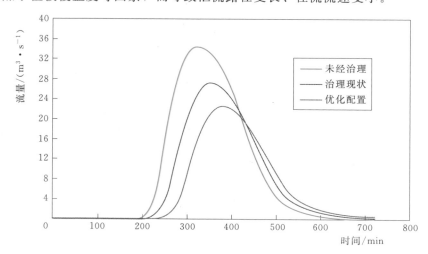

图 3-4　各方案下大田包站流量计算过程线（1985 年 9 月 15 日）

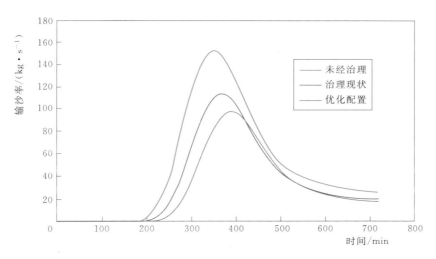

图 3-5　各方案下大田包站输沙率计算过程线（1985 年 9 月 15 日）

3.5　本章小结

本章应用第 2 章所建立的小流域降雨径流和侵蚀产沙分布式模型，通过设计的不同水土保持配置方案，分别计算并对比了不同水土保持措施和不同土地利用方式的减水减沙效益，计算结果如下。

（1）水土保持工程措施在减水效益和减沙效益两方面均优于水土保持生物措施。

（2）不同土地利用方式的减水效益次序为：用材林＞灌木林＞治理林地＞荒山荒坡＞坡耕地。

（3）不同土地利用方式的减沙效益次序为：用材林＞治理林地＞灌木林＞荒山荒坡＞坡耕地。

根据以上的研究结果，本章最后还对选取的典型小流域的现状水土保持配置方案进行了优化，并对比计算了小流域在未经治理、治理现状和优化配置方案下的产流产沙过程，体现了该模型能为流域内水土保持措施配置的优化提供科学依据和技术支撑。

4 坝系流域侵蚀产沙分布式模型研究

　　淤地坝是黄土高原地区人民群众借助"天然聚湫"蓄洪排清的理念，在长期同水土流失斗争实践中创造的一种行之有效的既能拦截泥沙、保持水土，又能淤地造田、增产粮食的小流域水土保持工程措施。

　　淤地坝之所以能在黄土高原地区显示出自己强大的生命力，最核心的还是在于其拦泥蓄水作用。

　　淤地坝直接拦蓄了流域侵蚀的泥沙，减少了入黄泥沙，保护了黄河下游安全；同时泥沙就地截留淤积，形成大量高产的坝地，将本是沟道或坡地的区域淤平，大大减少了水土流失，同时对减轻退耕还林压力方面也有重大意义；另外将洪水期流域产生的径流拦蓄下来作为农业生产生活必需的水资源，实现了水资源的合理利用。

　　淤地坝还可有效阻止沟底下切，抬高侵蚀基准面，使沟道比降变缓，延缓溯源侵蚀和沟岸扩张，对减轻滑坡、崩塌、泻溜等重力侵蚀和稳固沟床等都有十分重要的意义。根据无定河普查资料显示在黄土丘陵沟壑区，流域面积 3～5km 的沟道比降为 3.5%，淤地坝建设使流域山川台地化，沟道比降变缓，一般为 0.65%，坝前泥沙的淤积巩固并抬高了沟床，有效地制止了沟床下切，相应地稳定了沟坡，减轻了沟壑侵蚀。

　　在黄土高原地区，淤地坝不论是在生产生活方面，还是在社会经济发展方面都有着举足轻重的作用，但多年来水毁问题却一直困扰着淤地坝的建设发展。

　　新中国成立以来，特别是在 20 世纪 70 年代，黄土高原地区掀起了淤地坝建设高潮。据统计，黄土高原地区已建成的淤地坝有 10 万余座，大多数已运行 20 多年。一些小流域由单坝发展为坝群，逐步形成了沟道坝系，但因布局不合理，遇较大洪水时溃坝现象时有发生。据对黄土高原建坝比较多的延安、榆林、庆阳地区及晋西西山 28 个重点县 3.27 万座冲毁的淤地坝的调查显示：11%～20% 的垮坝原因是施工质量较差；60%～80% 的垮坝原因是缺少单元控制性工程，上游一坝垮了，造成下游数坝甚至数十座坝连锁垮塌。据对子洲南川 145 座冲毁坝库调查分析，由于库容小，上游垮坝造成下游连锁垮坝的有 129 座，占 89%；因施工质量差，造成坝体或泄水建筑物形成串洞垮坝的 16 座，占 11%。清涧县原有大小淤地坝 3400 多座，冲毁 1740 多座，其中 99.5% 的淤地坝坝高在 15m 以下。这些以垮坝为标志的水毁事件往往是毁灭性的，对坝系构成了极大威胁。

解决淤地坝水毁问题是直接关系黄土高原地区坝系建设与发展的关键问题。随着我国黄土高原地区小流域治理力度的不断加强和淤地坝及坝系建设的蓬勃发展，同时也为实现黄河下游河道的稳定，如何使淤地坝在遭遇超标准洪水的情况下，不至于发生溃坝特别是连锁溃坝事件，保证坝控流域的安全，避免拦蓄泥沙的"零存整取"，也是当前亟待解决的研究课题。

本章和第 5 章的主要内容是在前面已建立的小流域分布式侵蚀产沙模型的基础上，进一步重点研究淤地坝及坝系的侵蚀产沙模式，自主开发建立坝系流

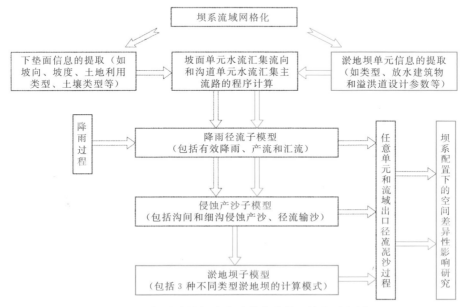

图 4-1　坝系流域侵蚀产沙分布式模型结构示意图

域侵蚀产沙分布式模型，再选取黄土高原沟壑区典型坝系流域——马家沟小流域作为研究对象，运用建立的坝系流域分布式模型来模拟小流域内不同坝系配置方案的产流产沙过程，并对坝系配置条件下水沙过程的空间差异性的影响进行研究，为淤地坝坝系优化配置提供技术支撑。

坝系流域侵蚀产沙分布式模型结构示意见图 4-1。

4.1 坝系流域产流产沙计算模式

淤地坝是淤地坝枢纽工程的习惯称呼，是挡水建筑物、放水建筑物、泄洪建筑物的总称。淤地坝工程建筑物中坝体、溢洪道、放水建筑物俗称淤地坝结构的"三大件"。在实际中，淤地坝建筑物组成有"三大件"（坝体、溢洪道、放水建筑物），也有"两大件"（坝体和放水建筑物），甚至"一大件"（仅有坝体）。以下为不同建筑物组成的淤地坝产流产沙的计算模式。

4.1.1 "一大件"淤地坝模式

"一大件"结构的淤地坝是指仅有坝体本身的淤地坝，俗称"闷葫芦坝"。"一大件"淤地坝实景见图 4-2。此种结构的淤地坝对坝控流域面积的径流泥沙全拦全蓄，安全性差，但工程投资较小，一般适用于小荒沟或小支沟、小毛沟且无长流水的沟头治理上。此类淤地坝数量一般占流域内总淤地坝数量的比例最大。据对陕北地区淤地坝现状的调查结果，"一大件"结构的淤地坝就有

图 4-2 "一大件"淤地坝实景

26233座，占淤地坝总数的82.5%[7]。

当坝控流域内因降雨产生径流泥沙时，由于"一大件"结构的淤地坝将来水来沙全拦全蓄。因此，对于淤地坝节点网格单元来说其排水量和排沙量均为零。"一大件"淤地坝示意见图4-3，其产流产沙模式可表达为：

图4-3 "一大件"淤地坝示意图

$$Q = 0 \qquad (4-1)$$
$$G_s = 0 \qquad (4-2)$$

式中　Q——淤地坝单元的径流流量；

　　　G_s——淤地坝单元的输沙率。

4.1.2 "两大件"淤地坝模式

"两大件"结构的淤地坝是指具有坝体加上放水建筑物结构（一般为涵道、竖井或卧管）或坝体加上溢洪道结构的淤地坝，此种结构的淤地坝对坝控流域面积的径流以滞蓄为主，对泥沙以拦淤为主。它具有较大的库容保证了其安全性较高，但工程投资较大，上游淹没损失也较多。据对陕北地区淤地坝现状的调查结果显示，"两大件"结构的淤地坝有5068座，占总数的15.9%[7]。淤地坝放水建筑物见图4-4～图4-8；溢洪道见图4-9和图4-10。

图4-4 淤地坝放水建筑物——竖井1

图 4-5 淤地坝放水建筑物——竖井 2

图 4-6 淤地坝放水建筑物——卧管

图 4-7　淤地坝涵道出水口 1

图 4-8　淤地坝涵道出水口 2

图 4 - 9　淤地坝土溢洪道

图 4 - 10　淤地坝浆砌石溢洪道

1. 坝体＋放水建筑物结构

坝体＋放水建筑物配置组成的"两大件"结构的淤地坝最为常见（图 4-11）。坝控流域内因降雨产生径流泥沙时，当坝上游洪水位低于放水建筑物的底孔高程（即淤地坝的死水位）时，其来水来沙被全拦全蓄；当洪水位高于放水建筑物的底孔高程时，其来水经由放水建筑物排至下游，而泥沙则沉积在坝内。

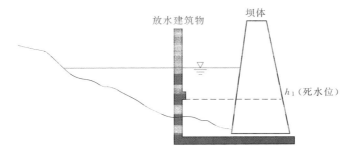

图 4-11 "两大件"淤地坝示意图（坝体＋放水建筑物）

因此其产流产沙模式可表达为：

（1）如果 $h \leqslant h_1$（水位在放水建筑物底孔高程 h_1 以下）：

$$Q = 0 \tag{4-3}$$

$$G_s = 0 \tag{4-4}$$

（2）如果 $h > h_1$（水位在放水建筑物底孔高程 h_1 以上）：

$$Q = Q_放 \tag{4-5}$$

$$G_s = 0 \tag{4-6}$$

以上式中 Q——淤地坝单元的径流流量；

$\qquad Q_放$——放水建筑物的排水流量；

$\qquad G_s$——淤地坝单元的输沙率。

2. 坝体＋溢洪道结构

坝体＋溢洪道配置组成的"两大件"结构的淤地坝示意见图 4-12。

图 4-12 "两大件"结构的淤地坝示意图（坝体＋溢洪道）

坝控流域内因降雨产生径流泥沙时，当坝上游洪水位低于溢洪道的底部高程时，其来水来沙被全拦全蓄；当洪水位高于溢洪道的底部高程时，其来水来沙经由溢洪道排至下游。

因此其产流产沙模式可表达为：

（1）如果 $h \leqslant h_2$（水位在溢洪道底部高程 h_2 以下）：

$$Q = 0 \tag{4-7}$$

$$G_s = 0 \tag{4-8}$$

（2）如果 $h > h_2$（水位在溢洪道底部高程 h_2 以上）：

$$Q = Q_溢 \tag{4-9}$$

$$G_s = G_{s溢} \tag{4-10}$$

以上式中　Q——淤地坝单元的径流流量；

　　　　　$Q_溢$——溢洪道的排水流量；

　　　　　G_s——淤地坝单元的输沙率；

　　　　　$G_{s溢}$——通过溢洪道的水流含沙量。

4.1.3　"三大件"淤地坝模式

"三大件"结构的淤地坝是指具有坝体、放水建筑物和溢洪道的淤地坝，此种结构的淤地坝多为流域内的骨干坝，其作用是"上拦下保"，即拦截上游洪水，保护中小型淤地坝安全运行，提高小流域沟道坝系工程的防洪标准。此种淤地坝安全性高，但工程投资大，数量一般占流域内总淤地坝数量的比例最小。

坝体＋放水建筑物＋溢洪道配置组成的"三大件"结构齐全的淤地坝示意见图 4-13。坝控流域内因降雨产生径流泥沙时，当坝上游洪水位低于放水建筑物的底孔高程（死水位）时，其来水来沙被全拦全蓄；当洪水位介于放水建筑物的底孔高程（死水位）和溢洪道的底部高程时，其来水经由放水建筑物排至下游，而泥沙沉积坝内；当洪水位高于溢洪道的底部高程时，其来水经由放水建筑物和溢洪道一起排至下游，来沙则仅经由溢洪道排至下游。

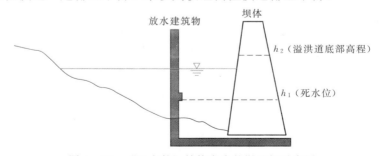

图 4-13　"三大件"结构齐全的淤地坝示意图

因此其产流产沙模式可表达为：

（1）如果 $h \leqslant h_1$（水位在放水建筑物底孔高程 h_1 以下）：

$$Q = 0 \tag{4-11}$$

$$G_s = 0 \tag{4-12}$$

（2）$h_1 < h \leqslant h_2$（水位在放水建筑物底孔高程 h_1 和溢洪道底部高程 h_2 之间）：

$$Q = Q_{放} \tag{4-13}$$

$$G_s = 0 \tag{4-14}$$

（3）如果 $h > h_2$（水位在溢洪道底部高程 h_2 以上）：

$$Q = Q_{放} + Q_{溢} \tag{4-15}$$

$$G_s = G_{s溢} \tag{4-16}$$

以上式中　Q——淤地坝单元的径流流量；

$Q_{溢}$——溢洪道的排水流量；

G_s——淤地坝单元的输沙率；

$G_{s溢}$——通过溢洪道的水流含沙量。

4.2　典型坝系流域的数据准备及处理

4.2.1　典型坝系流域的选取

为了应用所建立的坝系流域侵蚀产沙分布式模型，选取了黄土高原沟壑区具有典型性的坝系流域——马家沟小流域。

马家沟小流域位于陕西省延安市安塞县境内，距安塞县城约 1km，位于延河流域中下游，是延河的一级支流。马家沟小流域面积 77.5km²，属黄土丘陵沟壑区第二副区。马家沟小流域示意见图 4-14。

流域内土壤组成主要是黄绵土、红垆土和红胶土，其中以黄绵土为主，约占流域内耕地土壤组成的 80%。流域内地貌组成主要为峁、梁、坡和沟，以梁为主，一般梁峁顶部坡度在 5°～15°之间，而沟坡坡度在 45°～60°之间。马家沟小流域沟道分布呈 Y 字形，平均沟壑密度为 3.2km/km²，主沟道约长 17.5km，沟道平均比降为 6.5‰；流域内沟道断面形状多呈 U 字形，沟底平均宽度约为 13m。

流域内多年平均降水量为 522.2mm，且年际变化大，年内分配不均，汛期5—9月占全年降水量的 85.5%。流域土壤侵蚀严重，多年平均土壤侵蚀模数高达 12000t/（km²·a），汛期5—9月产沙量占全年产沙量的 85% 以上。泥沙主要来源于沟谷地，占流域全年产沙量的 65% 以上；其次是坡面产沙，占流域产沙

图 4-14　马家沟小流域示意图

量的 35% 左右。流域内植被稀少，主要以乔木林和灌木林为主，乔木主要是刺槐、山杨、山杏和枣树，灌木主要是柠条和沙棘。

　　马家沟小流域为延安水土保持沟壑治理重点示范流域。自 20 世纪 70 年代末 80 年代初开始就已经在水土流失严重的沟系布置了土坝，2005 年开始在全流域布置坝系；通过修复老坝和建设新坝，截至 2007 年整个流域淤地坝坝系已基本形成，整个坝系共布设淤地坝 64 座（截至 2007 年已建 51 座，规划拟建 13 座），其中"三大件"淤地坝 14 座（其中已建 9 座，规划 5 座），"两大件"淤地坝 45 座（其中已建 37 座，规划 8 座），"一大件"淤地坝 5 座。马家沟小流域淤地坝坝系配置见图 4-15，坝系各淤地坝的情况统计见表 4-1～表 4-3。

4.2.2　基于 GIS 的流域地理信息处理

　　本书以马家沟小流域 1:10000 比例尺的纸质地形图为数据源，首先对流域地形图实施了数字矢量化，并采用 Arc-GIS 软件进行了流域地理信息的处理，生成的马家沟小流域地形见图 4-16。

　　为了建立分布式模型，首先需将流域进行网格化。在 GIS 的基础上，仍按每个网格 200m×200m 的大小来进行流域的网格划分，并插值计算每个网格形心处的地形高程，由此提取的马家沟小流域的 DEM（数字高程模型）见图 4-17。

　　在提取的马家沟小流域 DEM 的基础上，通过每个网格的高程与相邻各网格高程的几何关系，采用八方向法，可得到每个网格的（最陡）坡向属性，由 GIS 提取的马家沟小流域的坡向见图 4-18。

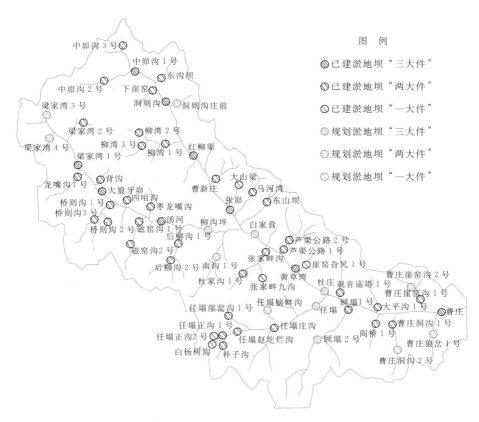

图 4-15 马家沟小流域淤地坝坝系配置图

表 4-1 马家沟淤地坝坝系情况统计 "三大件"

坝型	编号	名　　称	控制面积 /km²	坝高 /m	总库容 /万 m³	结　　构	状态
"三大件"	1	曹庄	10.0	12.0	40.0	土坝＋涵卧＋溢洪道	已建
	2	黄草湾	8.2	11.5	31.2	土坝＋涵卧＋溢洪道	已建
	3	张茆	7.4	23.5	24.5	土坝＋涵卧＋溢洪道	已建
	4	红柳渠	10.6	27.5	41.0	土坝＋涵卧＋溢洪道	已建
	5	汤河	6.9	10.0	17.2	土坝＋涵卧＋溢洪道	已建
	6	洞则沟	5.6	24.0	32.8	土坝＋涵卧＋溢洪道	已建
	7	中峁沟 1 号	6.8	30.0	102.1	土坝＋涵卧＋溢洪道	已建
	8	大狼牙峁	3.0	10.0	14.6	土坝＋涵卧＋溢洪道	已建
	9	梁家湾 1 号	5.2	20.5	149.6	土坝＋涵卧＋溢洪道	已建

续表

坝型	编号	名　称	控制面积 /km²	坝高 /m	总库容 /万 m³	结　构	状态
"三大件"	10	顾塌 2 号	4.3	27.5	123.4	土坝＋涵卧＋溢洪道	规划
	11	杜庄	9.0	11.0	30.0	土坝＋涵卧＋溢洪道	规划
	12	任塌	7.9	41.0	227.0	土坝＋涵卧＋溢洪道	规划
	13	白家营	7.2	13.0	32.3	土坝＋涵卧＋溢洪道	规划
	14	柳沟坪	5.1	29.0	105.6	土坝＋涵卧＋溢洪道	规划

表 4-2　　　　　　　　　马家沟淤地坝坝系情况统计"两大件"

坝型	编号	名　称	控制面积 /km²	坝高 /m	总库容 /万 m³	结　构	状态
"两大件"	1	背沟	3.8	10.5	2.1	土坝＋溢洪道	已建
	2	补子沟	0.7	18.5	9.6	土坝＋溢洪道	已建
	3	曹新庄	1.6	8.5	5.5	土坝＋涵卧	已建
	4	曹庄洞沟 1 号	0.4	9.5	2.1	土坝＋涵卧	已建
	5	曹庄崖窑沟 1 号	2.0	20.5	22.9	土坝＋涵卧	已建
	6	磁窑沟 1 号	0.2	5.0	3.0	土坝＋溢洪道	已建
	7	磁窑沟 2 号	1.2	19.0	19.2	土坝＋涵卧	已建
	8	大平沟 1 号	0.7	18.5	10.5	土坝＋涵卧	已建
	9	东沟坝	1.8	16.0	14.3	土坝＋涵卧	已建
	10	东山坝	1.1	10.5	3.5	土坝＋溢洪道	已建
	11	杜家沟 1 号	1.1	19.0	16.7	土坝＋涵卧	已建
	12	顾塌 1 号	1.2	22.0	10.3	土坝＋溢洪道	已建
	13	观音庙塔 1 号	0.8	19.0	13.3	土坝＋溢洪道	已建
	14	后柳沟 1 号	4.9	16.0	13.4	土坝＋涵卧	已建
	15	后柳沟 2 号	10.8	19.0	17.1	土坝＋涵卧	已建
	16	梁家湾 2 号	0.5	12.8	2.4	土坝＋溢洪道	已建
	17	柳湾 1 号	1.4	11.0	22.6	土坝＋涵卧	已建
	18	柳湾 2 号	1.1	14.0	17.9	土坝＋涵卧	已建
	19	柳湾 3 号	0.6	12.0	3.3	土坝＋溢洪道	已建
	20	龙嘴沟 1 号	5.1	18.0	26.9	土坝＋涵卧	已建
	21	卢渠公路 1 号	0.1	5.0	0.9	土坝＋溢洪道	已建
	22	卢渠公路 2 号	1.9	16.0	29.7	土坝＋涵卧	已建

续表

坝型	编号	名　称	控制面积/km²	坝高/m	总库容/万 m³	结　构	状态
	23	马河湾	0.4	9.5	2.1	土坝＋溢洪道	已建
	24	桥则沟 1 号	0.6	18.0	2.8	土坝＋溢洪道	已建
	25	桥则沟 2 号	1.9	19.0	29.9	土坝＋涵卧	已建
	26	桥则沟 3 号	0.6	11.3	3.4	土坝＋溢洪道	已建
	27	任塌崖窑沟 1 号	0.2	11.0	2.0	土坝＋涵卧	已建
	28	任塌赵圪烂沟	0.6	9.0	3.3	土坝＋涵卧	已建
	29	任塌正沟 1 号	0.1	15.0	10.0	土坝＋溢洪道	已建
	30	任塌庄沟	2.2	21.5	33.0	土坝＋涵卧	已建
	31	四咀沟	4.3	9.5	2.6	土坝＋溢洪道	已建
	32	下崖窑	0.5	9.8	3.7	土坝＋溢洪道	已建
	33	阎桥 1 号	1.1	23.0	22.6	土坝＋涵卧	已建
"两大件"	34	枣龙嘴沟	0.6	19.0	10.2	土坝＋涵卧	已建
	35	张家畔沟	0.9	16.5	14.1	土坝＋涵卧	已建
	36	中峁沟 2 号	2.2	16.0	14.8	土坝＋溢洪道	已建
	37	中峁沟 3 号	0.4	10.5	2.2	土坝＋溢洪道	已建
	38	曹庄洞沟 2 号	0.8	10.5	1.3	土坝＋涵卧	规划
	39	曹庄狼岔 1 号	1.0	27.5	15.6	土坝＋涵卧	规划
	40	曹庄崖窑沟 2 号	0.2	9.0	1.0	土坝＋涵卧	规划
	41	洞则沟庄前	0.6	11.3	3.4	土坝＋溢洪道	规划
	42	梁家湾 3 号	0.5	12.8	2.4	土坝＋涵卧	规划
	43	梁家湾 4 号	0.5	12.8	2.4	土坝＋涵卧	规划
	44	南沟 1 号	0.8	16.0	13.4	土坝＋涵卧	规划
	45	任塌脑畔沟	0.6	9.0	3.3	土坝＋涵卧	规划

表 4－3　　　　　马家沟淤地坝坝系情况统计"一大件"

坝型	编号	名　称	控制面积/km²	坝高/m	总库容/万 m³	结　构	状态
	1	白杨树沟	0.2	15.0	10.2	土坝	已建
	2	大山梁	0.3	11.5	1.5	土坝	已建
"一大件"	3	任塌正沟 2 号	1.2	22.0	19.6	土坝	已建
	4	崖窑畚圪 1 号	0.2	6.5	0.8	土坝	已建
	5	张家畔九沟	0.2	13.0	2.0	土坝	已建

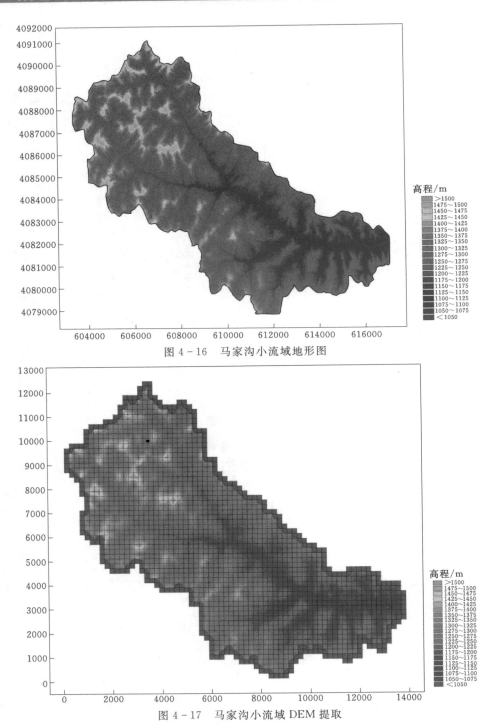

图 4-16 马家沟小流域地形图

图 4-17 马家沟小流域 DEM 提取

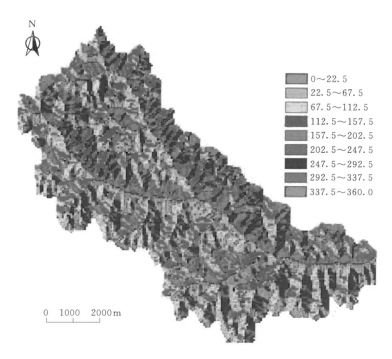

图 4-18 马家沟小流域坡向提取（八方向法）

同样，在提取的马家沟小流域 DEM 的基础上，通过每个网格的高程与相邻各网格高程的几何关系，可通过计算得到每个网格的最陡坡向对应的坡度属性，由此提取的马家沟小流域的坡度见图 4-19。

4.2.3 流域的"沟坡分离"

本书 2.1.3 节中提过，"沟坡分离"首要的是确定出"沟道"（即流域的水流汇集主流路），而确定沟道的关键则是指定临界源区的面积。临界源区面积太大，会导致沟道太短并稀疏，支流少；临界源区面积太小，又会导致沟道太密集。

一旦指定临界源区面积后，本研究即可根据每个网格的坡向属性所组成的拓扑关系，采用自主开发的模型程序，运用递归算法，计算出每个网格的汇流数（水流汇入的网格个数），并将那些汇流数大于或等于临界源区面积的网格确定为"沟道"，其余的网格确定为"坡面"，从而实现"沟坡分离"。

图 4-20～图 4-23 分别是指定临界源区面积为 $2km^2$（汇流数=50）、$1km^2$（汇流数=25）、$0.4km^2$（汇流数=10）和 $0.2km^2$（汇流数=5）所生成的马家沟沟道网络图，从图中可见，临界源区面积指定得越大，沟道越短、支流越少、

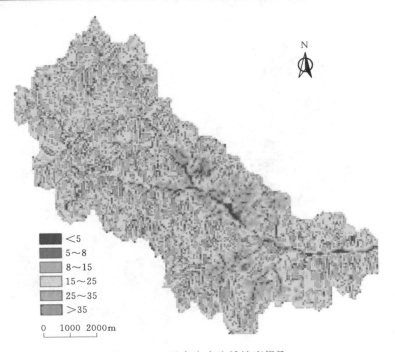

图 4-19　马家沟小流域坡度提取

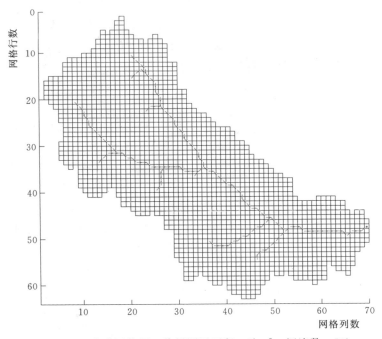

图 4-20　沟道网络图（临界源区面积＝2km²，汇流数＝50）

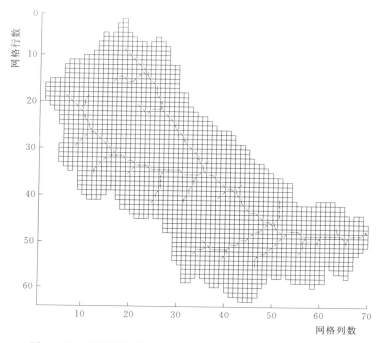

图 4-21 沟道网络图（临界源区面积＝1km²，汇流数＝25）

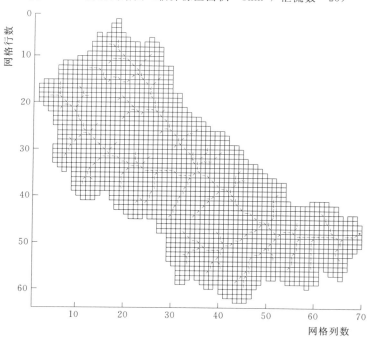

图 4-22 沟道网络图（临界源区面积＝0.4km²，汇流数＝10）

网络也越稀疏（图 4-20）。源区面积指定得太大会导致沟道失真，将原本是主沟道的单元变为坡面单元，但临界源区面积也并非指定得越小越好，指定得越小，沟道越长、支流越多、网络也越密集（图 4-23），同样也会导致沟道失真。以下的计算均指定马家沟小流域临界源区面积为 1km² （汇流数＝25）。

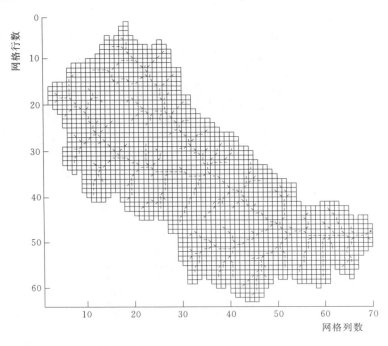

图 4-23　沟道网络图（临界源区面积＝0.2km²，汇流数＝5）

4.3　模型在典型坝系流域中的应用

4.3.1　输入条件的确定

由于马家沟流域未建沟口水文站（把口站），通过实地考察和分析，得到沟口的水深 H 与流量 Q 关系曲线见图 4-24。

另外，由于各淤地坝的放水建筑物和溢洪道的具体设计参数不尽相同，本书中对此进行以下设定：①"两大件"淤地坝中，对于"坝体＋放水建筑物"结构的，假定其放水建筑物的设计死水位（底孔高程以下）所对应的水深均为 1.0m，其对应的设计最大放水流量均为 1m³/s；对于"坝体＋溢洪道"结构的，假定其溢洪道的设计底部高程所对应的水深均为 1.5m，其对应的设计最大溢洪流量均为 2m³/s；②"三大件"淤地坝中，假定其放水建筑物的设计死水位所对应的水深均

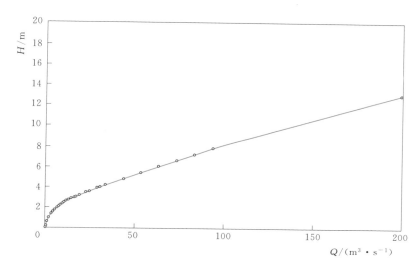

图 4-24 水深 H 与流量 Q 关系曲线

为 2.0m，其对应的设计最大放水流量均为 $10m^3/s$，同时溢洪道的设计底部高程所对应的水深假定均为 3m，其对应的设计最大溢洪流量均为 $40m^3/s$。

4.3.2 模型参数的确定

模型中其他参数与前面黑草河小流域采用和率定的参数一致，即土壤饱和导水率 $K=1.19\times10^{-6}m/s$，土壤饱和含水率 $\theta_s=0.518$，湿润锋面处土壤水吸力 $S_F=0.02m$，土壤初始含水率 $\theta_i=0.216$，沟间侵蚀产沙参数 $\xi_i C_0 K_0=0.0005$，细沟侵蚀产沙参数 $\xi_r C_0 K_0=2.28$；模型中计算时间步长取 $\Delta t=30s$。

4.3.3 降雨事件的产流产沙模拟（2006 年 9 月 4 日）

（1）场次降雨过程（2006 年 9 月 4 日）。马家沟流域 2006 年 9 月 4 日场次降雨过程采用中国气象局安塞县气象站的自记降水量记录，其降雨过程见图 4-25。

（2）前期降雨量的影响。对于 2006 年 9 月 4 日的这一场次降雨过程，查询其前期的安塞县气象站的自记降水量记录可知，2006 年 9 月 1 日有降水，但总降水量较小，为 1.7mm。因此，对于本书采用的 2006 年 9 月 4 日的这一场次降雨过程，既不是前期多雨量的情况，也不是前期久无雨的情况，因此取它的前期降雨量的校正系数 $C_s=1$。

（3）未建坝系条件下流域产流产沙计算。在以上的降雨条件和参数取值情况下，由本书自主开发的坝系流域侵蚀产沙分布式模型计算的马家沟小流域

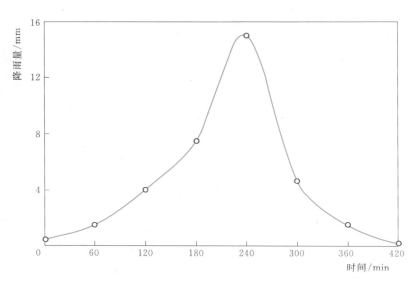

图 4 - 25 马家沟小流域实测降雨过程线（2006 年 9 月 4 日）

未建坝系条件下流域出口的流量过程（产流）见图 4 - 26，计算的流域出口的输沙率过程（产沙）见图 4 - 27。从图中可以看出，未建坝系条件下，马家沟的流域出口约在降雨 120min 后开始产流和产沙，约在降雨 300min 后达到产流和产沙的峰值，随后很快衰减，至降雨结束时刻产流产沙均衰减到峰值的 1/10 以下。

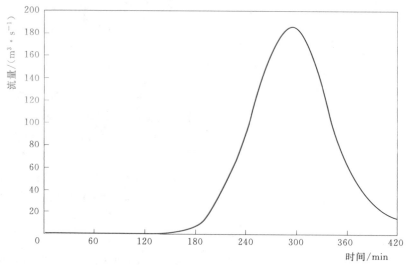

图 4 - 26 未建坝系条件下流域出口的流量过程线（2006 年 9 月 4 日）

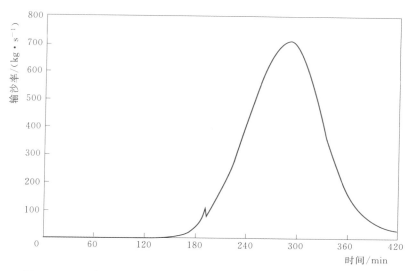

图 4-27 未建坝系条件下流域出口输沙率过程线（2006 年 9 月 4 日）

另外，在图 4-27 中的产沙过程，约在降雨 200min 的时刻，流域出口的输沙率曲线出现了一个突变的起伏，分析其原因，发生起伏的时刻为流域输沙由饱和输沙转变为不饱和输沙的时间分界点。在此时刻之前，由于侵蚀量大于径流输沙量，所以产沙量就等于径流输沙量，单元内有多余侵蚀下来的泥沙沉积；但随着单元内流量的逐渐增大，径流输沙量渐渐大于侵蚀量，单元内的泥沙沉积渐渐变少；在图中的突变时刻，单元内没有泥沙的沉积，此时径流输沙能力很大但没有那么多侵蚀的泥沙供输移，所以此时产沙量等于侵蚀量，径流输沙也自此变为不饱和输沙过程，因此出现了图中输沙率曲线出现突变的现象。

（4）现状坝系条件下流域产流产沙计算。由本书的坝系流域侵蚀产沙分布式模型计算的马家沟小流域现状坝系条件下流域出口的流量过程（产流）见图 4-28，计算的流域出口的输沙率过程（产沙）见图 4-29。从图中可以看出，现状坝系条件下，马家沟的流域出口同样约在降雨 120min 后开始产流和产沙，但与未建坝系结果不同的是，约在降雨 240min 后就达到产流和产沙的峰值（产流和产沙的峰值均约为未建坝系结果的 1/3），并且随后产流产沙过程慢慢衰退，至降雨结束时刻产流仍有峰值的 90%，产沙仍有峰值的 50%。这充分体现了流域内坝系的调峰和拦蓄作用对流域出口产流产沙的影响。

另外，在现状坝系条件下产沙过程图 4-29 中，同样约在降雨 200min 的时刻，流域出口的输沙率曲线出现了一个突变的起伏，其原因在前面已分析过，即流域输沙由饱和输沙转变为不饱和输沙的时间分界点。在此时刻之前，产沙量等于径流输沙量，单元内有泥沙沉积，在此时刻之后，产沙量等于侵蚀量，单元内没有泥沙沉积。

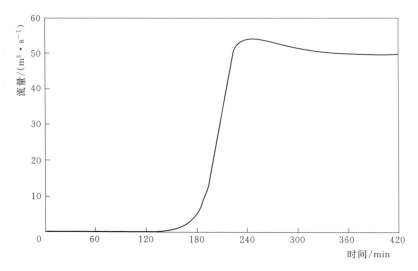

图 4-28 现状坝系条件下流域出口的流量过程线（2006 年 9 月 4 日）

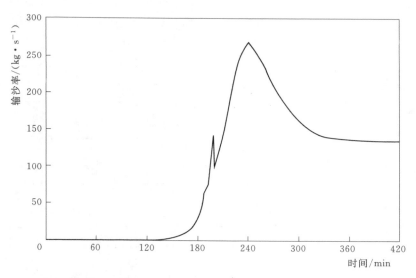

图 4-29 现状坝系条件下流域出口的输沙率过程线（2006 年 9 月 4 日）

（5）规划坝系条件下流域产流产沙计算。由本书的坝系流域侵蚀产沙分布式模型计算的马家沟小流域规划坝系条件下流域出口的流量过程（产流）见图4-30，计算的流域出口的输沙率过程（产沙）见图4-31。从图中可以看出，规划坝系条件下，马家沟的流域出口同样约在降雨120min后开始产流和产沙，并且与现状坝系结果极其相似的是，同样约在降雨240min后就达到产流和产沙的峰值（产流和产沙的峰值同样约为未建坝系结果的 1/3），随后产流产沙过程慢慢衰退，至降雨结束时刻产流仍有峰值的 90％，产沙仍有峰值的 50％；而且，与现状坝系结果相比，规划坝系流域出口的输沙率曲线同样出现了一个突变的起伏。以上的计算结果表明，规划坝系条件与现状坝系条件相比较，其对马家沟坝系流域的出口单元的产流产沙的影响并不大。

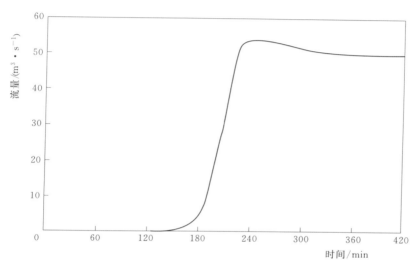

图 4-30　规划坝系条件下流域出口的流量过程线（2006 年 9 月 4 日）

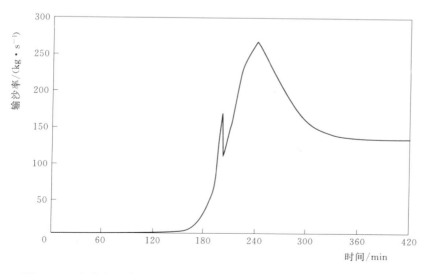

图 4-31　规划坝系条件下流域出口的输沙率过程线（2006 年 9 月 4 日）

4.3.4 降雨事件的产流产沙模拟（2006 年 7 月 2 日）

（1）场次降雨过程（2006 年 7 月 2 日）。马家沟流域 2006 年 7 月 2 日场次降雨过程同样采用中国气象局安塞县气象站的自记降水量记录，其降雨过程见图 4-32。

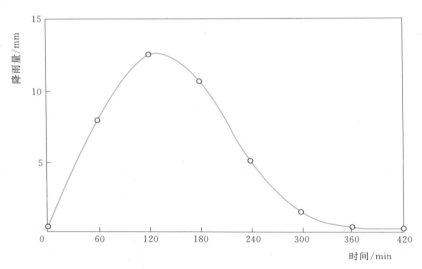

图 4-32　马家沟小流域实测降雨过程线（2006 年 7 月 2 日）

（2）前期降雨量的影响。对于 2006 年 7 月 2 日的这一场次降雨过程，查询其前期的安塞县气象站的自记降水量记录可知，2006 年 6 月 29 日有降水，但总降水量为 1.5mm。因此，对于 2006 年 7 月 2 日的这一场次降雨过程，同样取它的前期降雨量的校正系数 $C_s = 1$。

（3）未建坝系条件下流域产流产沙计算。在 2006 年 7 月 2 日的场次降雨条件下，由本书的坝系流域侵蚀产沙分布式模型计算的马家沟小流域未建坝系条件下流域出口的流量过程（产流）见图 4-33，计算的流域出口的输沙率过程（产沙）见图 4-34。从图中可以看出，未建坝系条件下，马家沟的流域出口约在降雨 60min 后开始产流和产沙，约在降雨 190min 后达到产流和产沙的峰值，并且随后很快衰减，至降雨结束时刻产流产沙均衰减到峰值的 1/10 以下。

另外，在产沙过程中，流域出口的输沙率曲线同样出现了一个突变的起伏，为流域输沙由饱和输沙转变为不饱和输沙的时间分界点。在此时刻之前，由于侵蚀量大于径流输沙量，产沙量等于径流输沙量，单元内有多余侵蚀下来的泥沙沉积；在此时刻之后，侵蚀量小于径流输沙量，产沙量等于侵蚀量，单元内没有泥沙沉积，径流输沙也自此变为不饱和输沙过程。

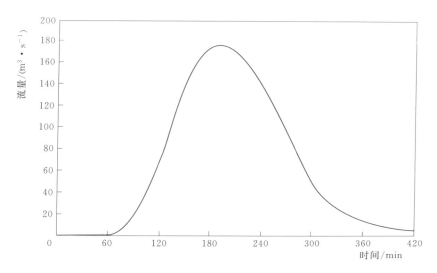

图 4-33 未建坝系条件下流域出口的流量过程线 （2006 年 7 月 2 日）

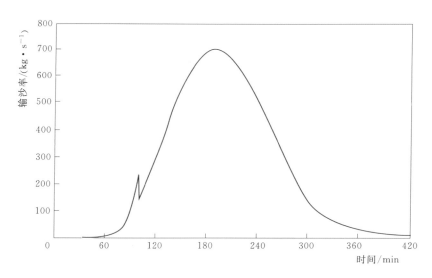

图 4-34 未建坝系条件下流域出口的输沙率过程线 （2006 年 7 月 2 日）

（4）现状坝系条件下流域产流产沙计算。由本书的坝系流域侵蚀产沙分布式模型计算的马家沟小流域现状坝系条件下流域出口的流量过程（产流）和输沙率过程（产沙）见图 4-35 和图 4-36。从图中可以看出，现状坝系条件下，马家沟的流域出口同样约在降雨 60min 后开始产流和产沙，约在降雨 120min 后就达到产流和产沙的峰值（均约为未建坝系结果的 1/3），随后产流产沙过程慢慢衰退，至降雨结束时刻产流仍有峰值的 90%，产沙仍有峰值的 50%；并且流域出口的输沙率过程曲线同样出现了由饱和输沙转变为不饱和输沙时刻的突变起伏。

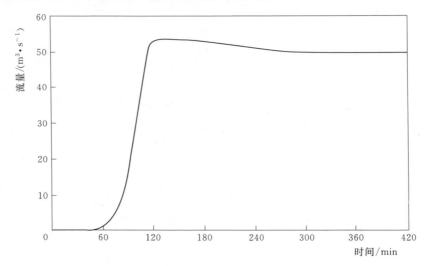

图 4-35　现状坝系条件下流域出口的流量过程线（2006 年 7 月 2 日）

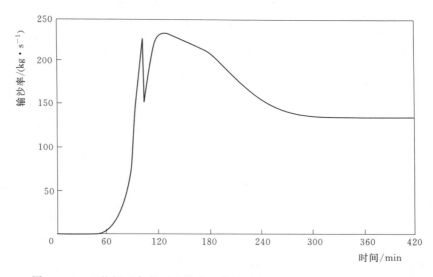

图 4-36　现状坝系条件下流域出口的输沙率过程线（2006 年 7 月 2 日）

（5）规划坝系条件下流域产流产沙计算。由本书的坝系流域侵蚀产沙分布式模型计算的马家沟小流域规划坝系条件下流域出口的流量过程（产流）和输沙率过程（产沙）见图 4-37 和图 4-38。从图中可以看出，规划坝系条件下，马家沟的流域出口同样约在降雨 60min 后开始产流和产沙，并且与现状坝系结果极其相似的是，同样约在降雨 120min 后就达到产流和产沙的峰值（同样均约为未建坝系结果的 1/3），至降雨结束时刻产流仍有峰值的 90%，产沙仍有峰值的 50%；并且流域出口的输沙率过程曲线同样出现了由饱和输沙转变为不饱和输沙时刻的突变起伏。以上的计算结果表明，规划坝系条件与现状坝系条件相比较，其对马家沟坝系流域的出口单元的产流产沙的影响并不大。

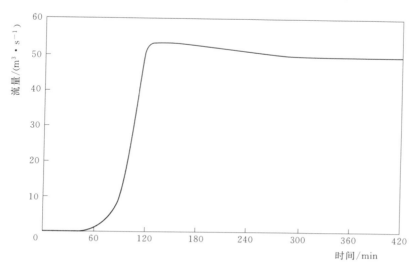

图 4-37　规划坝系条件下流域出口的流量过程线（2006 年 7 月 2 日）

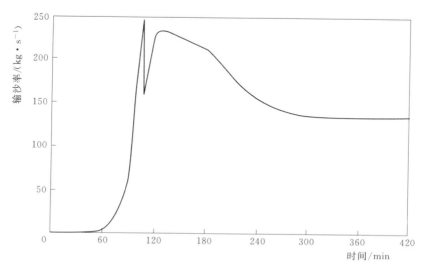

图 4-38　规划坝系条件下流域出口的输沙率过程线（2006 年 7 月 2 日）

4.4 本章小结

本章在前面已建立的小流域降雨径流和侵蚀产沙分布式模型的基础上，进一步研究了黄土高原地区防治水土流失十分重要，且有效的水土保持工程措施——淤地坝及其形成的坝系对流域出口产流产沙的影响，并自主开发建立了坝系流域侵蚀产沙分布式模型。

模型在构建中依据淤地坝组成结构的不同，分别采用了"一大件""两大件"和"三大件"不同的 3 种淤地坝单元计算模式，模型在应用上选取了黄土高原沟壑区典型坝系流域——马家沟小流域，并进行了基于 GIS 的流域地理信息处理和提取，模型计算模拟了马家沟的两场实测降雨过程，并分别输出了未建坝系、现状坝系和规划坝系等不同坝系条件下的流域出口单元的产流产沙过程，计算结果表明。

（1）流域出口开始产流产沙的时刻在不同坝系条件下是一致的，但不同降雨过程（不同雨型）的产流产沙开始时刻并不相同。

（2）流域出口产流产沙的峰值，未建坝系条件下最大，现状坝系和规划坝系条件下峰值基本一致，均约为未建坝系结果的 1/3，体现了淤地坝对流域出口水沙过程的调蓄和削峰作用。

（3）流域出口的产流产沙过程到达峰值之后，未建坝系条件下随后很快衰减，至降雨结束时刻产流产沙均衰减到峰值的 1/10 以下；现状坝系和规划坝系条件下结果基本一致，产流产沙过程慢慢衰退，至降雨结束时刻产流仍有峰值的 90%，产沙仍有峰值的 50%，体现了淤地坝拦泥蓄水作用对流域出口产流产沙的影响。

（4）不同坝系条件下，流域出口的输沙率曲线均出现了一个突变起伏的时刻，为流域输沙由饱和输沙转变为不饱和输沙的时间分界点，它表明在此时刻之前，产沙量等于径流输沙量，单元内有泥沙沉积，在此时刻之后，产沙量等于侵蚀量，单元内没有泥沙沉积。

坝系配置空间差异性的影响研究

5

分布式模型的特点是能反映流域空间差异性的影响，可以模拟流域内任一单元的时空变化过程。

本章采用马家沟流域 2006 年 9 月 4 日的实测场次降雨过程和第 4 章确定的其他参数以及条件，来分析不同坝系配置条件对流域空间不同位置（空间差异性）产流产沙的影响和响应。

5.1 流域不同位置淤地坝的产流产沙过程

5.1.1 毛沟淤地坝

在马家沟流域中，选择了 3 个代表性的毛沟淤地坝（坝系）位置示意见图 5-1 中红色圆圈，这类淤地坝一般是只有"一大件"的小型坝，俗称"闷葫芦"坝，多建在流域的沟头位置或毛沟上，具有"不出水不出沙"的特点。

（1）张家畔九沟。张家畔九沟淤地坝下泄的流量和输沙率过程见图 5-2 和图 5-3。张家畔九沟淤地坝是"闷葫芦"坝，从图中可以看出，建坝后的现状坝系条件和规划坝系条件下它的下泄流量和输沙量均为 0，体现了"不出水不出沙"的特点。

统计表明，张家畔九沟未建坝系条件下泄水量 3653m³、下泄沙量 150.0t、平均含沙量 41.1kg/m³；现状坝系条件下泄水量 0m³、下泄沙量 0t；规划坝系条件下泄水量 0m³、下泄沙量 0t，即张家畔九沟在现状坝系和规划坝系条件下其减水减沙效率均为 100%。

图 5-1 代表性的毛沟淤地坝（坝系）位置示意图

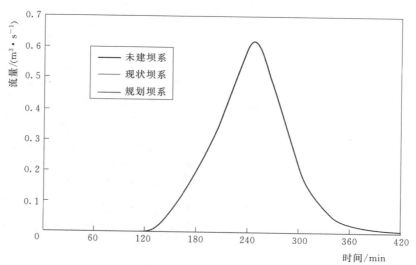

图 5-2 不同坝系条件下张家畔九沟的流量过程线（2006 年 9 月 4 日）

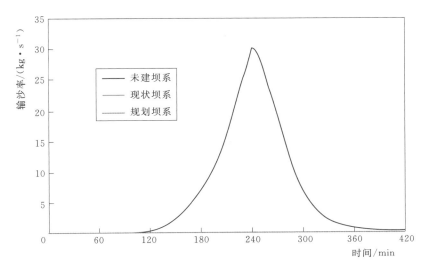

图 5-3 不同坝系条件下张家畔九沟的输沙率过程线
(2006 年 9 月 4 日)

（2）崖窑岔岇 1 号。崖窑岔岇 1 号淤地坝下泄的流量和输沙率过程见图5-4和图 5-5。与张家畔九沟淤地坝类似，崖窑岔岇 1 号也是"闷葫芦"坝，从图中可以看出，建坝后的现状坝系条件和规划坝系条件下它的下泄流量和输沙量均为 0，体现了"不出水不出沙"的特点。

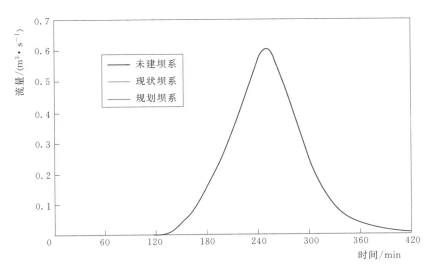

图 5-4 不同坝系条件下崖窑岔岇 1 号的流量过程线
(2006 年 9 月 4 日)

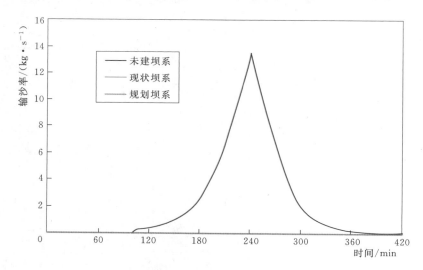

图 5-5 不同坝系条件下崖窑岔岇 1 号的输沙率过程线
(2006 年 9 月 4)

统计表明，崖窑岔岇 1 号未建坝系条件下泄水量 3631m³、下泄沙量 58.2t，平均含沙量 16.0kg/m³；现状坝系条件下泄水量 0m³、下泄沙量 0t；规划坝系条件下泄水量 0m³、下泄沙量 0t，即崖窑岔岇 1 号在现状坝系和规划坝系条件下其减水减沙效率同样均为 100%。

（3）大山梁。大山梁淤地坝下泄的流量和输沙率过程线见图 5-6 和图 5-7。

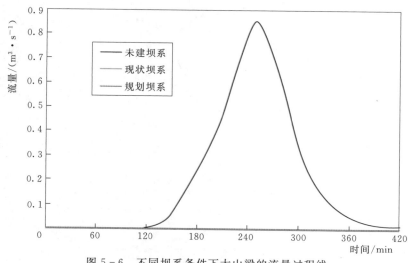

图 5-6 不同坝系条件下大山梁的流量过程线
(2006 年 9 月 4 日)

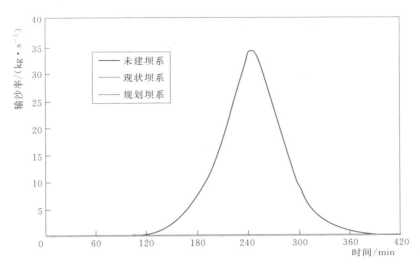

图 5-7 不同坝系条件下大山梁的输沙率过程线（2006 年 9 月 4 日）

大山梁同样也是"一大件""闷葫芦"坝，从图中可以看出，建坝后的现状坝系条件和规划坝系条件下它的下泄流量和输沙量均为 0，体现了"不出水不出沙"的特点。

统计表明，大山梁未建坝系条件下泄水量 5098m³，下泄沙量 176.3t，平均含沙量 34.6kg/m³；现状坝系条件下泄水量 0m³，下泄沙量 0t；规划坝系条件下泄水量 0m³、下泄沙量 0t，即大山梁在现状坝系和规划坝系条件下其减水减沙效率同样均为 100%。

5.1.2 支沟淤地坝

在马家沟流域中，选择了 5 个代表性的支沟淤地坝（坝系）位置示意见图 5-8 中蓝色圆圈，这类淤地坝一般是具有"两大件"的中型坝，多建在流域的支沟上，但不同的结构组成赋予它不同的出水出沙特性：对于"坝体＋放水建筑物（涵卧）"结构的，当坝内水位小于放水建筑物（涵卧）的设计死水位时，其下泄水沙特点是"不出水不出沙"，当水位大于放水建筑物的设计死水位时，"出水不出沙"；对于"坝体＋溢洪道"结构的，当坝内水位小于溢洪道的设计死水位时"不出水不出沙"，当水位大于溢洪道的设计死水位时"出水又出沙"。

同时依据第 4 章所设定的条件，确定"坝体＋涵卧"结构的淤地坝放水建筑物设计死水位（底孔高程）均为 1.0m，其对应的设计最大放水流量均为 1m³/s；"坝体＋溢洪道"结构的淤地坝其溢洪道设计死水位（底部高程）均为 1.5m，其对应的设计最大溢洪流量均为 2m³/s。

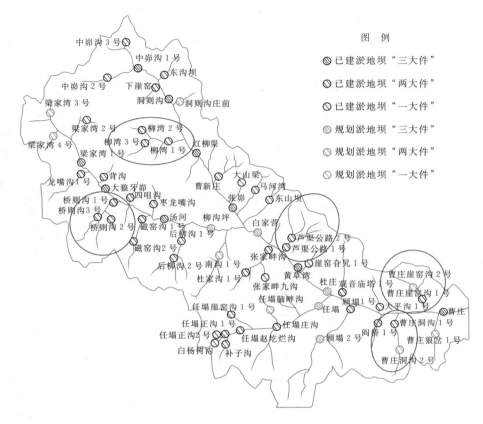

图 5-8 代表性的支沟淤地坝（坝系）位置示意图

（1）曹庄崖窑沟 1 号。曹庄崖窑沟 1 号淤地坝是"坝体＋涵卧"结构的"两大件"淤地坝，其下泄的流量和输沙率过程见图 5-9 和图 5-10。从图中可以看出，建坝后的现状坝系条件和规划坝系条件下的下泄流量不为 0 而输沙量为 0，体现了"出水不出沙"的特点。

统计表明，曹庄崖窑沟 1 号未建坝系条件下泄水量 18492m³，下泄沙量 792.7t，平均含沙量 42.9kg/m³；现状坝系条件下泄水量 14394m³，下泄沙量 0t；规划坝系条件下泄水量 9104m³，下泄沙量 0t，即曹庄崖窑沟 1 号在现状坝系条件下减水效率达 22%，减沙效率 100%；在规划坝系条件下减水效率达 51%，减沙效率 100%。

曹庄崖窑沟 1 号淤地坝在现状坝系和规划坝系下的下泄水量有差别而沙量没有差别，其原因在于上游规划有曹庄崖窑沟 2 号淤地坝，为"坝体＋涵卧"的"两大件"结构。

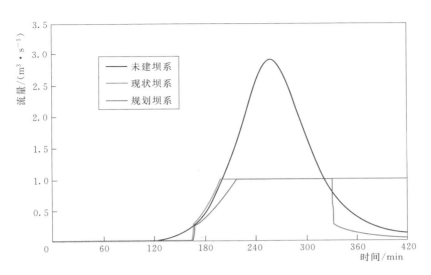

图 5-9 不同坝系条件下曹庄崖窑沟 1 号的流量过程线

（2006 年 9 月 4 日）

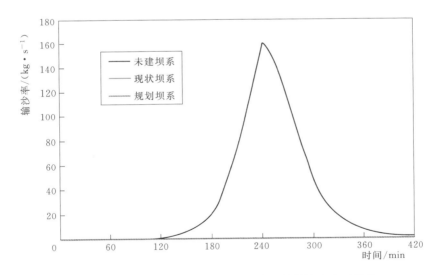

图 5-10 不同坝系条件下曹庄崖窑沟 1 号的输沙率过程线

（2006 年 9 月 4 日）

（2）曹庄洞沟 1 号。曹庄洞沟 1 号淤地坝是"坝体＋涵卧"结构的"两大件"淤地坝，其下泄的流量和输沙率过程见图 5-11 和图 5-12。从图中可以看出，建坝后的现状坝系条件和规划坝系条件下它的下泄流量不为 0 而输沙量为 0，体现了"出水不出沙"的特点。

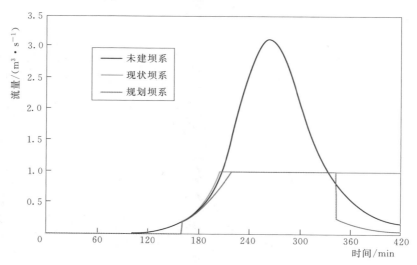

图 5-11 不同坝系条件下曹庄洞沟 1 号的流量过程线
（2006 年 9 月 4 日）

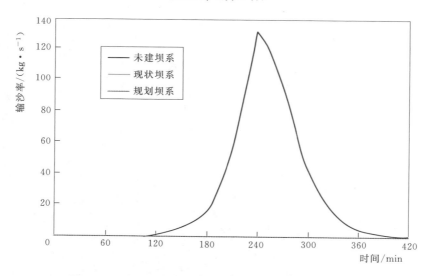

图 5-12 不同坝系条件下曹庄洞沟 1 号的输沙率过程线
（2006 年 9 月 4 日）

统计表明，曹庄洞沟 1 号未建坝系条件下泄水量 20441m³，下泄沙量 651.9t，平均含沙量 31.9kg/m³；现状坝系条件下泄水量 14193m³，下泄沙量 0t；规划坝系条件下泄水量 9767m³，下泄沙量 0t，即曹庄洞沟 1 号在现状坝系条件下减水效率达 31%，减沙效率 100%；在规划坝系条件下减水效率达 52%，减沙效率 100%。

曹庄洞沟 1 号淤地坝在现状坝系和规划坝系下的下泄水量有差别而沙量没有差别，其原因在于上游的曹庄洞沟 2 号淤地坝为规划淤地坝，且为"坝体＋涵卧"的"两大件"结构。

（3）卢渠公路 1 号。卢渠公路 1 号淤地坝是"坝体＋溢洪道"结构的"两大件"淤地坝，其下泄的流量和输沙率过程见图 5-13 和图 5-14。从图中可以看

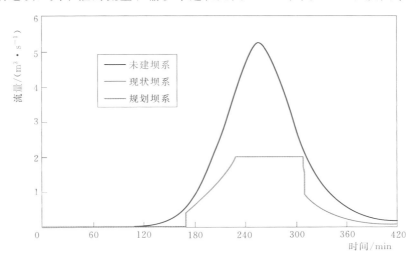

图 5-13　不同坝系条件下卢渠公路 1 号的流量过程线

（2006 年 9 月 4 日）

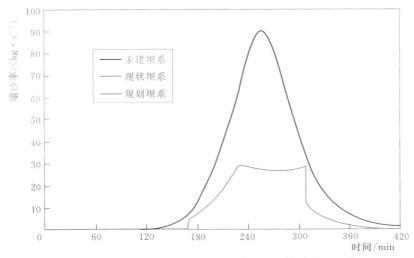

图 5-14　不同坝系条件下卢渠公路 1 号的输沙率过程线

（2006 年 9 月 4 日）

出，建坝后的现状坝系条件和规划坝系条件下它的下泄流量和输沙量均不为0，体现了这类淤地坝"出水又出沙"的特点。

统计表明，卢渠公路1号未建坝系条件下泄水量32444m³，下泄沙量514.4t，平均含沙量15.9kg/m³；现状坝系条件和规划坝系下泄水量均为15428m³，下泄沙量均为203.4t，平均含沙量均为13.2kg/m³；即卢渠公路1号在现状坝系和规划坝系条件下减水效率均为52%，减沙效率均为60%。

卢渠公路1号淤地坝在现状坝系和规划坝系下的下泄水量和沙量结果相同，其原因在于其上游坝系配置条件完全相同。

（4）柳湾1号。柳湾1号淤地坝是"坝体＋涵卧"结构的"两大件"淤地坝，其下泄的流量和输沙率过程见图5-15和图5-16。从图中可以看出，建坝后的现状坝系条件和规划坝系条件下它的下泄流量不为0而输沙量为0，体现了"出水不出沙"的特点。

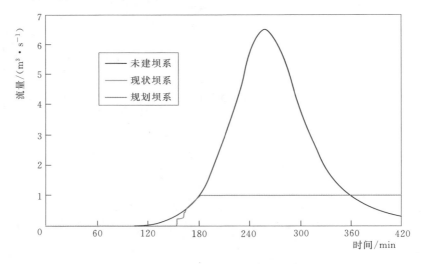

图5-15　不同坝系条件下柳湾1号的流量过程线
（2006年9月4日）

统计表明，柳湾1号未建坝系条件下泄水量42341m³，下泄沙量350.7t，平均含沙量8.3kg/m³；现状坝系和规划坝系条件下泄水量均为15212m³，下泄沙量均为0t；即柳湾1号在现状坝系和规划坝系条件下减水效率均为64%，减沙效率均为100%。

柳湾1号淤地坝在现状坝系和规划坝系下的下泄水量和沙量结果相同，其原因在于其上游坝系配置条件完全相同。

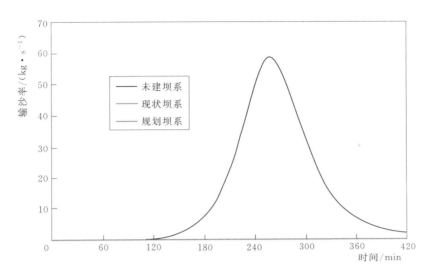

图 5 - 16　不同坝系条件下柳湾 1 号的输沙率过程线

（2006 年 9 月 4 日）

（5）桥则沟 1 号。桥则沟 1 号淤地坝是"坝体＋溢洪道"结构的"两大件"淤地坝，其下泄的流量和输沙率过程见图 5 - 17 和图 5 - 18。从图中可以看出，建坝后的现状坝系条件和规划坝系条件下它的下泄流量和输沙量均不为 0，体现了这类淤地坝"出水又出沙"的特点。

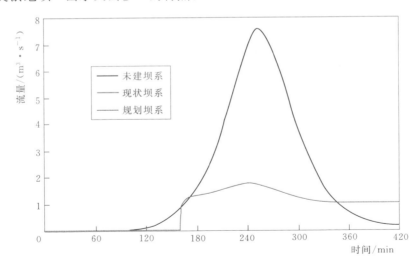

图 5 - 17　不同坝系条件下桥则沟 1 号的流量过程线

（2006 年 9 月 4 日）

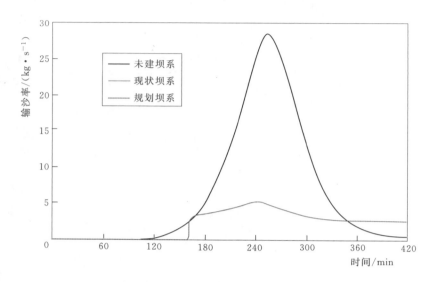

图 5-18 不同坝系条件下桥则沟 1 号的输沙率过程线

（2006 年 9 月 4 日）

统计表明，桥则沟 1 号未建坝系条件下泄水量 47068m³，下泄沙量 163.5t，平均含沙量 3.5kg/m³；现状坝系条件和规划坝系下泄水量均为 19635m³，下泄沙量均为 54.2t，平均含沙量均为 2.8kg/m³；即桥则沟 1 号在现状坝系和规划坝系条件下减水效率均为 58%，减沙效率均为 67%。

桥则沟 1 号淤地坝在现状坝系和规划坝系下的下泄水量和沙量结果相同，其原因在于其上游坝系配置条件完全相同。

5.1.3 干沟淤地坝

在马家沟流域中，选择了 4 个代表性的干沟淤地坝（坝系）位置示意见图 5-19 中褐色圆圈，这类淤地坝一般是具有"三大件"的骨干坝，多建在流域的干沟上，其特性是：当坝内水位小于放水建筑物的设计死水位时，其下泄水沙特点是"不出水不出沙"；当水位大于放水建筑物的设计死水位而小于溢洪道的设计死水位时，淤地坝"出水不出沙"；当水位大于溢洪道的设计死水位时，淤地坝"出水又出沙"。

同时依据第 4 章所设定的假定条件，确定"三大件"类型的淤地坝其放水建筑物的设计死水位所对应的水深均为 2.0m，设计的最大放水流量均为 10m³/s；确定溢洪道的设计底部高程所对应的水深均为 3m，设计的最大溢洪流量均为 40m³/s。

图 5-19 代表性的干沟淤地坝（坝系）位置示意图

（1）汤河。汤河淤地坝下泄的流量和输沙率过程见图 5-20 和图 5-21。从图中可以看出，建坝后（现状坝系和规划坝系），在降雨开始至降雨 150min 期间，坝内水位小于放水建筑物的设计死水位，此时淤地坝"不出水不出沙"；降雨 150～210min 期间，坝内水位大于放水建筑物的设计死水位而小于溢洪道的设计死水位，此时淤地坝"出水不出沙"；降雨 210～330min 期间（其中规划坝系的时刻稍提前），水位大于溢洪道的设计死水位，淤地坝"出水又出沙"；降雨 330min 至降雨结束期间，水位下降至放水建筑物与溢洪道的设计死水位之间，淤地坝又"出水不出沙"。

统计表明，汤河未建坝系条件下泄水量 290173m³，下泄沙量 2445.9t，平均含沙量 8.4kg/m³；现状坝系条件下泄水量为 198207m³，下泄沙量 814.8t，平均含沙量 4.1kg/m³；规划坝系条件下泄水量 176027m³，下泄沙量 611.3t，平均含沙量 3.5kg/m³。汤河淤地坝在现状坝系条件下减水效率为 32%，减沙效率为 67%；在规划坝系条件下减水效率为 39%，减沙效率为 75%。

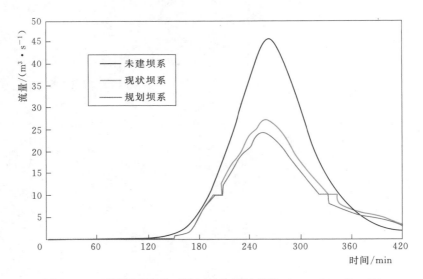

图 5 - 20　不同坝系条件下汤河的流量过程线（2006 年 9 月 4 日）

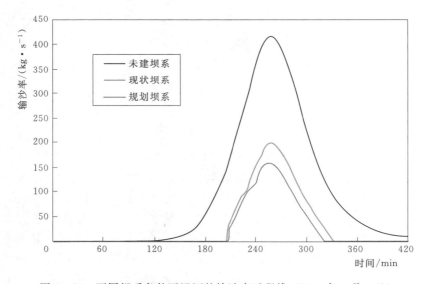

图 5 - 21　不同坝系条件下汤河的输沙率过程线（2006 年 9 月 4 日）

　　汤河淤地坝在现状坝系和规划坝系下的流量和输沙量过程并不完全相同，其原因在于上游坝系配置条件有差别。

　　（2）张茆。张茆淤地坝下泄的流量和输沙率过程见图 5 - 22 和图 5 - 23。从图中可以看出，建坝后（现状坝系和规划坝系），在降雨开始至降雨 155min 期间，坝内水位小于放水建筑物的设计死水位，此时淤地坝"不出水不出沙"；降雨 155～205min 期间，坝内水位大于放水建筑物的设计死水位而小于溢洪道的设计死水位，此时淤地坝"出水不出沙"；降雨 205～330min 期间（其中规划坝系的时刻稍提前），水位大于溢洪道的设计死水位，淤地坝"出水又出沙"；降雨 330min 至降雨结束期间，水位下降至放水建筑物与溢洪道的设计死水位之间，淤地坝又"出水不出沙"。

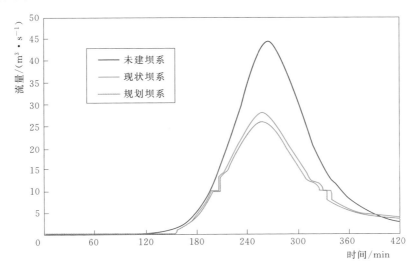

图 5-22 不同坝系条件下张茆的流量过程线（2006 年 9 月 4 日）

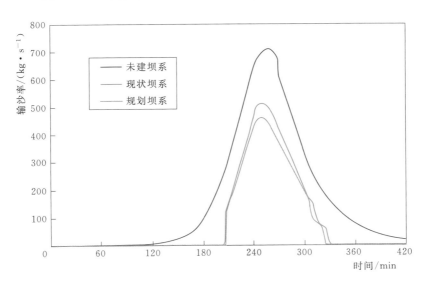

图 5-23 不同坝系条件下张茆的输沙率过程线（2006 年 9 月 4 日）

统计表明，张茆未建坝系条件下泄水量288189m³，下泄沙量4137.4t，平均含沙量14.4kg/m³；现状坝系条件下泄水量为193471m³，下泄沙量为2196.2t，平均含沙量11.4kg/m³；规划坝系条件下泄水量181372m³，下泄沙量为1969.8t，平均含沙量10.9kg/m³。张茆淤地坝在现状坝系条件下减水效率为33%，减沙效率为47%；在规划坝系条件下减水效率为37%，减沙效率为52%。

张茆淤地坝在现状坝系和规划坝系下的流量和输沙量过程并不完全相同，其原因在于上游坝系配置条件有差别。

（3）黄草湾。黄草湾淤地坝下泄的流量和输沙率过程见图5-24和图5-25。从图中可以看出，建坝后（现状坝系和规划坝系），在降雨开始至降雨145min期间，坝内水位小于放水建筑物的设计死水位，此时淤地坝"不出水不出沙"；降雨145～192min期间，坝内水位大于放水建筑物的设计死水位而小于溢洪道的设计死水位，此时淤地坝"出水不出沙"；降雨192min至降雨结束期间，水位大于溢洪道的设计死水位，淤地坝"出水又出沙"。

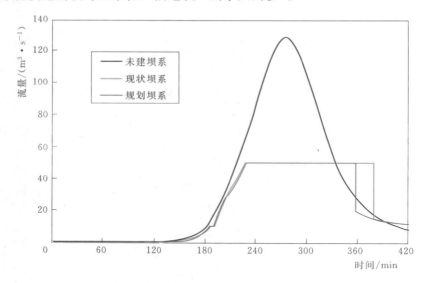

图5-24 不同坝系条件下黄草湾的流量过程线（2006年9月4日）

统计表明，黄草湾未建坝系条件下泄水量为841750m³，下泄沙量为6684.8t，平均含沙量为7.9kg/m³；现状坝系条件下泄水量为568287m³，下泄沙量为7599.2t，平均含沙量为13.4kg/m³；规划坝系条件下泄水量为521264m³，下泄沙量为7054.8t，平均含沙量为13.5kg/m³。黄草湾淤地坝在现状坝系条件下减水效率为32%，减沙效率为-14%；在规划坝系条件下减水效率为38%，减沙效率为-6%。

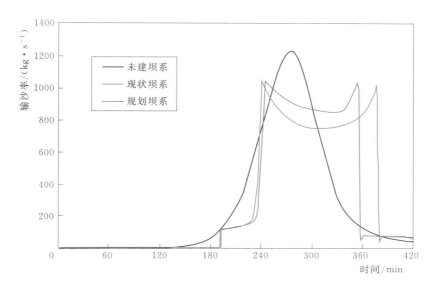

图 5-25 不同坝系条件下黄草湾的输沙率过程线（2006 年 9 月 4 日）

黄草湾淤地坝在现状坝系和规划坝系下的流量和输沙量过程并不完全相同，其原因在于上游坝系配置条件有差别。

（4）曹庄。曹庄淤地坝下泄的流量和输沙率过程见图 5-26 和图 5-27。从图中可以看出，建坝后（现状坝系和规划坝系），在降雨开始至降雨 145min 期间，坝内水位小于放水建筑物的设计死水位，此时淤地坝"不出水不出沙"；降

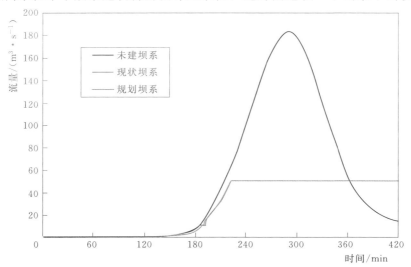

图 5-26 不同坝系条件下曹庄的流量过程线（2006 年 9 月 4 日）

雨 145～190min 期间，坝内水位大于放水建筑物的设计死水位而小于溢洪道的设计死水位，此时淤地坝"出水不出沙"；降雨 190min 至降雨结束期间，水位大于溢洪道的设计死水位，淤地坝"出水又出沙"。

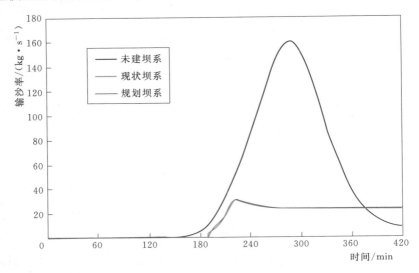

图 5-27　不同坝系条件下曹庄的输沙率过程线（2006 年 9 月 4 日）

统计表明，曹庄未建坝系条件下泄水量为 1257395m³，下泄沙量为 1023.4t，平均含沙量为 0.81kg/m³；现状坝系条件下泄水量为 664234m³，下泄沙量为 308.7t，平均含沙量为 0.46kg/m³；规划坝系条件下泄水量为 661432m³，下泄沙量为 313.0t，平均含沙量为 0.47kg/m³。曹庄淤地坝在现状坝系条件下减水效率为 47%，减沙效率为 70%；在规划坝系条件下减水效率为 47%，减沙效率为 69%。

曹庄淤地坝在现状坝系和规划坝系下的流量和输沙量过程并不完全相同，其原因在于上游坝系配置条件有差别。

5.1.4　毛沟、支沟、干沟产流产沙比较

流域不同空间位置淤地坝的产流产沙过程存在很大区别，以下分别在相同坝系条件下比较毛沟、支沟和干沟的产流产沙过程并分析其各自的特性，选取的代表性淤地坝分别为崖窑昔兄 1 号（毛沟）、桥则沟 1 号（支沟）和曹庄（干沟）。

未建坝系条件下毛沟、支沟和干沟的流量和输沙率过程见图 5-28 和图 5-29。从图中可以看出：未建坝系条件下，曹庄（干沟）的流量和输沙率最

大，崖窑旮旯 1 号（毛沟）的最小，而桥则沟 1 号（支沟）介于两者之间；另外从前面几节的结果可知，曹庄（干沟）的平均含沙量最小，为 0.81kg/m³；崖窑旮旯 1 号（毛沟）的平均含沙量最大，为 16.0kg/m³；桥则沟 1 号（支沟）的平均含沙量介于两者之间，为 3.5kg/m³；未建坝系条件下，崖窑旮旯 1 号（毛沟）的流量和输沙率过程到达峰值的时刻最快，分别为 $t=250$min 和 $t=240$min，

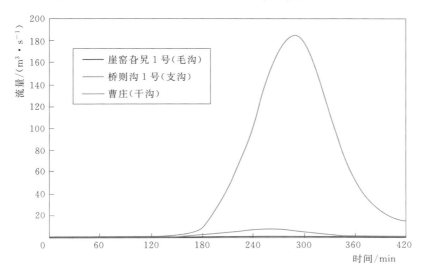

图 5 - 28　未建坝系条件下毛支干沟流量过程比较

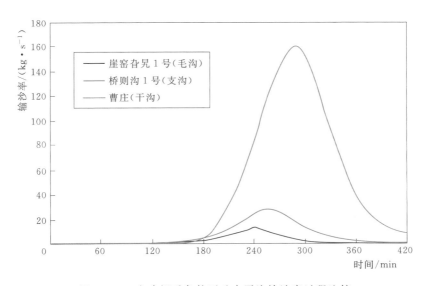

图 5 - 29　未建坝系条件下毛支干沟输沙率过程比较

曹庄（干沟）的流量和输沙率过程到达峰值的时刻最慢，分别为 $t=288.5\text{min}$ 和 $t=288.5\text{min}$，桥则沟 1 号（支沟）介于两者之间，分别为 $t=254.5\text{min}$ 和 $t=254\text{min}$。

　　现状坝系条件下毛沟、支沟和干沟的流量和输沙率过程见图 5 - 30 和图 5 - 31。从图中可以看出：崖窑峁 1 号（毛沟）因为是"闷葫芦坝"，所以流量和输沙率均为零；桥则沟 1 号（支沟）是"坝体＋溢洪道"结构的"两大件"淤地坝，所以当水位小于溢洪道底部高程时，"不出水不出沙"，当水位大于溢

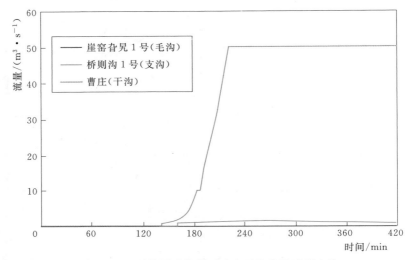

图 5 - 30　现状坝系条件下毛支干沟流量过程比较

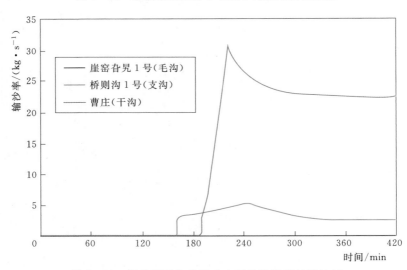

图 5 - 31　现状坝系条件下毛支干沟输沙率过程比较

洪道底部高程时，同时"出水又出沙"；曹庄（干沟）是"三大件"骨干淤地坝，当水位小于放水建筑物底部高程时，"不出水不出沙"，当水位介于放水建筑物和溢洪道的底部高程之间时，"出水不出沙"，当水位大于溢洪道的底部高程时，同时"出水又出沙"。

规划坝系条件下毛沟、支沟和干沟的流量和输沙率过程见图 5-32 和图 5-33。由于坝系配置与现状坝系条件没有太大差别，所以从图中可以看出与现状坝系结果基本一致。

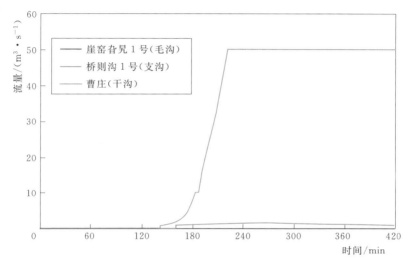

图 5-32　规划坝系条件下毛支干沟流量过程比较

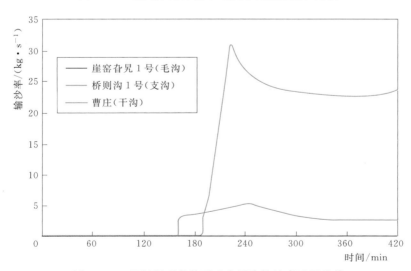

图 5-33　规划坝系条件下毛支干沟输沙率过程比较

综上所述，毛沟、支沟和干沟的产流产沙特性归纳如下。

（1）未建坝系条件下，干沟的流量和输沙率最大，毛沟最小，支沟介于两者之间；但水流平均含沙量则是毛沟最大，干沟最小，支沟介于两者之间。

（2）未建坝系条件下，毛沟产流产沙过程到达峰值的时刻最快，干沟最慢，支沟介于两者之间。

（3）流域沟道上建淤地坝后，由于毛沟上一般建"一大件"的"闷葫芦"坝，所以"水沙不出沟"，其减水减沙效率最高，但坝体安全级别最低，若遇大暴雨容易导致垮坝；支沟上一般建"两大件"淤地坝，其对支沟的天然水沙过程的削峰和调蓄作用较明显，其中"坝体＋放水建筑物"结构的淤地坝"出水不出沙"，减沙效率高，淤积坝地速度快，安全级别一般；而"坝体＋溢洪道"结构的淤地坝"出水又出沙"，减水减沙效率较高，安全级别也较高；干沟上一般建"三大件"齐全的骨干淤地坝，其对流域天然水沙过程的调蓄和削峰作用最显著，但淤积坝地速度较慢，减水减沙效率一般，不过它的安全级别最高，为流域坝系配置中确保坝系安全不可或缺的控制性工程。

5.2 流域坝系配置的拦泥量分析

前面章节提到过：淤地坝是黄土高原地区人民群众在长期同水土流失斗争实践中创造的一种行之有效的既能拦截泥沙、保持水土，又能淤地造田、增产粮食的一种小流域水土保持工程措施。它之所以能在黄土高原地区显示出自己强大的生命力，最核心的原因就在于其拦泥蓄水的作用。

本节将分析马家沟流域各淤地坝的拦泥量以及它们在不同坝系配置条件之间的变化并进行对比，马家沟小流域淤地坝坝系配置见图5-34。

依据马家沟小流域淤地坝坝系配置的拓扑关系，将马家沟流域分为11个上下衔接的子坝系，它们以"三大件"齐全的骨干淤地坝为代表，分别为：洞则沟坝系、红柳渠坝系、张茆坝系、梁家湾1号坝系、大狼牙峁坝系、汤河坝系、柳沟坪坝系、白家营坝系、黄草湾坝系、任塌坝系和曹庄坝系。

（1）洞则沟坝系，包含中峁沟3号、中峁沟2号、中峁沟1号、东沟坝、下崖窑和洞则沟等淤地坝。洞则沟坝系拦泥量统计见表5-1，从表中可以看出：区间内各淤地坝单元在不同坝系条件下均表现为淤积，建淤地坝后，除了中峁沟1号淤地坝外，其他的淤地坝比未建坝系时均增加了拦泥量，体现了淤地坝拦泥保土的作用。中峁沟1号淤地坝之所以在现状坝系和规划坝系条件下比未建坝系条件下的拦泥量略少，是因为上游修建了中峁沟3号和中峁沟2号淤地坝拦截了部分水沙，导致中峁沟1号来沙量减少所致。现状坝系与规划坝系的拦

图例
- ◎ 已建淤地坝"三大件"
- ◎ 已建淤地坝"两大件"
- ◎ 已建淤地坝"一大件"
- ◎ 规划淤地坝"三大件"
- ◎ 规划淤地坝"两大件"
- ○ 规划淤地坝"一大件"

图 5-34 马家沟小流域淤地坝坝系配置图

泥量结果完全一致，是因为两种条件下的坝系配置没有差别，均为现状已建淤地坝，没有规划新建淤地坝。另外，在同一场次降雨事件中，中峁沟 1 号淤地坝的拦泥量占库容比例偏小，显示其库容量可能设计得偏大或区间内布坝密度过大，与此区间坝系配置下的产沙量不相匹配。

（2）红柳渠坝系，包含洞则沟、洞则沟庄前、柳湾 3 号、柳湾 2 号、柳湾 1 号和红柳渠等淤地坝。红柳渠坝系拦泥量统计见表 5-2，从表中可以看出：区间内除洞则沟庄前和红柳渠淤地坝单元在未建坝系时表现为冲刷外，其他均表现为淤积。建淤地坝后，除了柳湾 1 号淤地坝外，其他的淤地坝比未建坝系时均增加了拦泥量，体现了淤地坝拦泥保土的作用。柳湾 1 号淤地坝之所以在现状坝系和规划坝系条件下比未建坝系条件下的拦泥量略少，是因为上游修建了柳湾 3 号和柳湾 2 号淤地坝拦截了部分水沙，导致柳湾 1 号来沙量减少所致。因为洞则沟庄前是规划新建淤地坝，所以它的规划条件下拦泥量比现状条件下大，并由此导致了下游红柳渠淤地坝的规划条件和现状条件结果略有差别。

95

表 5-1　洞则沟坝系拦泥量统计

编号	名称	库容/万 m³	降雨事件的拦泥量/m³			拦泥量占库容比例/%			结构	状态
			未建坝系	现状坝系	规划坝系	未建坝系	现状坝系	规划坝系		
1	中咀沟 3 号	2.2	233	264	264	1.06	1.20	1.20	土坝+溢洪道	已建
2	中咀沟 2 号	14.8	78	103	103	0.05	0.07	0.07	土坝+溢洪道	已建
3	中咀沟 1 号	102.1	612	587	587	0.06	0.06	0.06	土坝+涵卧+溢洪道	已建
4	东沟坝	14.3	163	205	205	0.11	0.14	0.14	土坝+涵卧	已建
5	下崖窑	3.7	296	333	333	0.80	0.90	0.90	土坝+溢洪道	已建
6	洞则沟	32.8	157	430	430	0.05	0.13	0.13	土坝+涵卧+溢洪道	已建

注　表中计算淤地坝拦泥量时所取泥沙干容重为 1600kg/m³, 以下同。

表 5-2　红柳渠坝系拦泥量统计

编号	名称	库容/万 m³	降雨事件的拦泥量/m³			拦泥量占库容比例/%			结构	状态
			未建坝系	现状坝系	规划坝系	未建坝系	现状坝系	规划坝系		
1	洞则沟	32.8	157	430	430	0.05	0.13	0.13	土坝+涵卧+溢洪道	已建
2	洞则沟庄前	3.4	-90	-90	105	-0.26	-0.26	0.31	土坝+溢洪道	规划
3	柳湾 3 号	3.3	60	101	101	0.18	0.30	0.30	土坝+溢洪道	已建
4	柳湾 2 号	17.9	11	133	133	0.01	0.07	0.07	土坝+涵卧	已建
5	柳湾 1 号	22.6	648	546	546	0.29	0.24	0.24	土坝+涵卧	已建
6	红柳渠	41.0	-103	350	357	-0.03	0.09	0.09	土坝+涵卧+溢洪道	已建

（3）张茆坝系，包含红柳渠、曹新庄、大山梁和张茆等淤地坝。张茆坝系拦泥量统计见表 5-3，从表中可以看出：区间内红柳渠和张茆淤地坝单元在未建坝系时表现为冲刷，其他表现为淤积。建淤地坝后，所有的淤地坝比未建坝系时均增加了拦泥量（张茆淤地坝表现为减少了冲刷量，即相当于增加了拦泥量），体现了淤地坝拦泥保土的作用。区间内淤地坝均为现状已建淤地坝，所以其现状条件与规划条件的拦泥量结果完全一致。但红柳渠淤地坝的规划条件拦泥量与现状条件不一致，是由于上游红柳渠坝系内有规划新建淤地坝所致，而张茆淤地坝的规划条件拦泥量与现状条件不一致则是由于红柳渠淤地坝的上述差别所造成的，体现了坝系配置的改变能使拦泥量从上游向下游发生传导的效应。另外，建淤地坝后，张茆淤地坝仍表现为冲刷（虽然冲刷量比未建坝系大大减小），显示了上游的来沙量不足、流域的侵蚀产沙量多是由上游淤地坝拦截所致。

（4）梁家湾 1 号坝系，包含梁家湾 4 号、梁家湾 3 号、梁家湾 2 号和梁家湾 1 号等淤地坝。梁家湾 1 号坝系拦泥量统计见表 5-4，从表中可以看出：区间内各淤地坝单元在不同坝系条件下均表现为淤积。建淤地坝后，所有淤地坝比未建坝系时均增加了拦泥量，体现了淤地坝拦泥保土的作用。因为梁家湾 4 号和梁家湾 3 号是规划新建淤地坝，所以它们规划条件下拦泥量比现状条件下大。梁家湾 1 号淤地坝之所以规划条件拦泥量结果比现状条件下略少，是因为上游规划新建的梁家湾 4 号和梁家湾 3 号淤地坝拦截了部分水沙，导致梁家湾 1 号来沙量减少所致。另外，相对来说，在同一场次的降雨事件中，梁家湾 1 号淤地坝的拦泥量占库容比例偏小，显示其库容量可能设计得偏大或区间内布坝密度过大，与此区间坝系配置下的产沙量不相匹配。

（5）大狼牙峁坝系。包含梁家湾 1 号、龙嘴沟 1 号、背沟和大狼牙峁等淤地坝。大狼牙峁坝系拦泥量统计见表 5-5，从表中可以看出：区间内龙嘴沟 1 号和背沟淤地坝单元在未建坝系时表现为冲刷，其他表现为淤积。建淤地坝后，所有淤地坝比未建坝系时均增加了拦泥量，体现了淤地坝拦泥保土的作用。区间内淤地坝均为现状已建淤地坝，所以其现状条件与规划条件的拦泥量结果完全一致。但梁家湾 1 号淤地坝的规划条件拦泥量与现状条件不一致，是由于上游梁家湾 1 号坝系内有规划新建淤地坝，而大狼牙峁淤地坝的规划条件拦泥量与现状条件不一致则是由于梁家湾 1 号淤地坝的上述差别所造成，它体现了拦泥量从上游向下游发生传导的效应。

（6）汤河坝系。包含大狼牙峁、桥则沟 3 号、桥则沟 2 号、桥则沟 1 号、四咀沟、磁窑沟 2 号、磁窑沟 1 号、枣龙嘴沟和汤河等淤地坝。汤河坝系拦泥量统计见表 5-6，从表中可以看出：区间内桥则沟 2 号、桥则沟 1 号、磁窑沟 1 号、

表 5-3　张峁坝系拦泥量统计

编号	名称	库容/万 m³	降雨事件的拦泥量/m³			拦泥量占库容比例/%			结　构	状态
			未建坝系	现状坝系	规划坝系	未建坝系	现状坝系	规划坝系		
1	红柳渠	41.0	−103	350	357	−0.03	0.09	0.09	土坝＋涵卧＋溢洪道	已建
2	曹新庄	5.5	222	285	285	0.40	0.52	0.52	土坝＋涵卧	已建
3	大山梁	1.5	3	113	113	0.02	0.74	0.74	土坝	已建
4	张峁	24.5	−856	−143	−108	−0.35	−0.06	−0.04	土坝＋涵卧＋溢洪道	已建

表 5-4　梁家湾 1 号坝系拦泥量统计

编号	名称	库容/万 m³	降雨事件的拦泥量			拦泥量占库容比例/%			结　构	状态
			未建坝系	现状坝系	规划坝系	未建坝系	现状坝系	规划坝系		
1	梁家湾 4 号	2.4	22	22	77	0.09	0.09	0.32	土坝＋涵卧	规划
2	梁家湾 3 号	2.4	104	104	137	0.43	0.43	0.57	土坝＋涵卧	规划
3	梁家湾 2 号	2.4	192	218	218	0.80	0.91	0.91	土坝＋溢洪道	已建
4	梁家湾 1 号	149.6	916	993	819	0.06	0.07	0.05	土坝＋涵卧＋溢洪道	已建

表5-5　大狼牙峁坝系拦泥量统计

编号	名称	库容/万 m³	降雨事件的拦泥量/m³ 未建坝系	现状坝系	规划坝系	拦泥量占库容比例/% 未建坝系	现状坝系	规划坝系	结　构	状态
1	梁家湾1号	149.6	916	993	819	0.06	0.07	0.05	土坝+涵卧+溢洪道	已建
2	龙嘴沟1号	26.9	-131	717	717	-0.05	0.27	0.27	土坝+涵卧	已建
3	背沟	2.1	-120	175	175	-0.57	0.83	0.83	土坝+溢洪道	已建
4	大狼牙峁	14.6	238	339	320	0.16	0.23	0.22	土坝+涵卧+溢洪道	已建

表5-6　汤河坝系拦泥量统计

编号	名称	库容/万 m³	降雨事件的拦泥量/m³ 未建坝系	现状坝系	规划坝系	拦泥量占库容比例/% 未建坝系	现状坝系	规划坝系	结　构	状态
1	大狼牙峁	14.6	238	339	320	0.16	0.23	0.22	土坝+涵卧+溢洪道	已建
2	桥则沟3号	3.4	161	176	176	0.47	0.52	0.52	土坝+溢洪道	已建
3	桥则沟2号	29.9	-192	688	688	-0.06	0.23	0.23	土坝+涵卧	已建
4	桥则沟1号	2.8	-9	44	44	-0.03	0.16	0.16	土坝+溢洪道	已建
5	四咀沟	2.6	230	254	254	0.88	0.98	0.98	土坝+溢洪道	已建
6	磁窑沟2号	19.2	200	239	239	0.10	0.12	0.12	土坝+涵卧	已建
7	磁窑沟1号	3.0	-117	5	5	-0.39	0.02	0.02	土坝+溢洪道	已建
8	枣龙嘴沟1号	10.2	-143	102	102	-0.14	0.10	0.10	土坝+涵卧	已建
9	汤河	17.2	-194	374	401	-0.11	0.22	0.23	土坝+涵卧+溢洪道	已建

枣龙嘴沟和汤河等淤地坝单元在未建坝系时表现为冲刷，其他淤地坝单元表现为淤积。建淤地坝后，所有的淤地坝比未建坝系时均增加了拦泥量，体现了淤地坝拦泥保土的作用。区间内淤地坝均为现状已建淤地坝，所以其现状条件与规划条件的拦泥量结果完全一致。但大狼牙峁淤地坝的规划条件拦泥量与现状条件不一致，是由于梁家湾1号淤地坝的规划条件与现状条件结果不一致所造成（同时梁家湾1号淤地坝的差别是由于在它的坝系区间内有规划新建淤地坝导致）。而汤河淤地坝的规划条件拦泥量与现状条件不一致则是由于大狼牙峁淤地坝的上述差别所造成的，这种传递过程进一步体现了拦泥量从上游向下游逐层发生传导的效应。

（7）柳沟坪坝系。包含汤河、后柳沟2号、后柳沟1号和柳沟坪等淤地坝；柳沟坪坝系拦泥量统计见表5-7，从表中可以看出：区间内汤河和后柳沟2号淤地坝单元在未建坝系时表现为冲刷，其他淤地坝单元表现为淤积。建淤地坝后，所有淤地坝比未建坝系时均增加了拦泥量，体现了淤地坝拦泥保土的作用。区间内淤地坝除柳沟坪外均为现状已建淤地坝，所以它们的现状条件与规划条件的拦泥量结果完全一致。但汤河淤地坝的规划条件拦泥量与现状条件不一致，是由于上游坝系配置的改变使拦泥量向下游发生传导的效应所致。柳沟坪是规划新建淤地坝，所以规划条件拦泥量与现状条件不一致，但现状条件的拦泥量比未建坝系的拦泥量小是因为区间内上游其他淤地坝拦截了部分水沙，导致柳沟坪来沙量减少所致。另外，柳沟坪淤地坝的拦泥量占库容比例相对偏小，显示其库容量可能设计得偏大或区间内布坝密度过大，与此区间坝系配置下的产沙量不相匹配。

（8）白家营坝系。包含柳沟坪、南沟1号、张茆、马河湾、东山坝和白家营等淤地坝。白家营坝系拦泥量统计见表5-8，从表中可以看出：区间内南沟1号和张茆淤地坝单元在未建坝系时表现为冲刷，其他淤地坝单元表现为淤积。建淤地坝后，所有淤地坝比未建坝系时均增加了拦泥量，体现了淤地坝拦泥保土的作用。马河湾、东山坝和张茆是现状已建淤地坝，所以它们的现状条件与规划条件的拦泥量结果完全一致（张茆淤地坝两者略有差别是因为上游的拦泥量传导所致，在前面已分析过）。柳沟坪、南沟1号和白家营是规划新建淤地坝，所以规划条件拦泥量与现状条件不一致，但白家营淤地坝现状条件比未建坝系的拦泥量小是因为区间内上游其他淤地坝增加了拦泥量，导致白家营来沙量减少。

（9）黄草湾坝系。包含白家营、张家畔九沟、杜家沟1号、张家畔沟、卢渠公路2号、卢渠公路1号和黄草湾等淤地坝。黄草湾坝系拦泥量统计见表5-9，从表中可以看出：区间内张家畔沟、卢渠公路1号和黄草湾淤地坝单元

表 5-7　柳沟坪坝系拦泥量统计

编号	名称	库容/万 m³	降雨事件的拦泥量/m³			拦泥量占库容比例/%			结　构	状态
			未建坝系	现状坝系	规划坝系	未建坝系	现状坝系	规划坝系		
1	汤河	17.2	-194	374	401	-0.11	0.22	0.23	土坝+涵卧+溢洪道	已建
2	后柳沟 2 号	17.1	-112	279	279	-0.07	0.16	0.16	土坝+涵卧	已建
3	后柳沟 1 号	13.4	291	365	365	0.22	0.27	0.27	土坝+涵卧	已建
4	柳沟坪	105.6	661	461	759	0.06	0.04	0.07	土坝+涵卧+溢洪道	规划

表 5-8　白家营坝系拦泥量统计

编号	名称	库容/万 m³	降雨事件的拦泥量/m³			拦泥量占库容比例/%			结　构	状态
			未建坝系	现状坝系	规划坝系	未建坝系	现状坝系	规划坝系		
1	柳沟坪	105.6	661	461	759	0.06	0.04	0.07	土坝+涵卧+溢洪道	规划
2	南沟 1 号	13.4	-493	-493	209	-0.37	-0.37	0.16	土坝+涵卧	规划
3	张茆	24.5	-856	-143	-108	-0.35	-0.06	-0.04	土坝+涵卧+溢洪道	已建
4	马河湾	2.1	10	127	127	0.05	0.61	0.61	土坝+溢洪道	已建
5	东山坝	3.5	42	197	197	0.12	0.56	0.56	土坝+溢洪道	已建
6	白家营	32.3	677	495	624	0.21	0.15	0.19	土坝+涵卧+溢洪道	规划

在未建坝系时表现为冲刷，其他表现为淤积。建淤地坝后，其他所有的淤地坝比未建坝系时均增加了拦泥量，表现为淤积，但黄草湾淤地坝表现为冲刷加剧，究其原因可能是在当前坝系配置条件下，上游淤地坝"出水不出沙"，流域产沙多被上游淤地坝拦截，致使黄草湾淤地坝的来沙量大幅减少，而来水量并未大幅减少（事实上由于淤地坝的调蓄作用有可能使上游各淤地坝的出流过程叠加而导致黄草湾淤地坝的来水量峰值增大），导致不饱和的输沙水流加剧坝内单元的泥沙侵蚀以补充来沙量的不足，从而出现淤地坝冲刷加剧的现象。黄草湾淤地坝规划坝系条件下虽然比现状坝系条件下冲刷有所减轻，但仍比未建坝系条件下的冲刷大，这也说明马家沟流域的坝系配置（包括现状坝系和规划坝系）还有进一步改善的空间。

（10）任塌坝系。包含任塌正沟2号、白杨树沟、任塌正沟1号、补子沟、任塌赵圪烂沟、任塌崖窑沟1号、任塌庄沟、任塌脑畔沟和任塌等淤地坝。任塌坝系拦泥量统计见表5-10，从表中可以看出：区间内任塌正沟2号、任塌赵圪烂沟和任塌脑畔沟淤地坝单元在未建坝系时表现为冲刷，其他淤地坝单元表现为淤积。建淤地坝后，除了任塌正沟1号和任塌庄沟以外，基本上所有淤地坝比未建坝系时均增加了拦泥量，任塌正沟1号建坝后减少了拦泥量是因为上游任塌正沟2号和白杨树沟为"闷葫芦坝"使"水沙不出沟"所致，任塌庄沟也正是由于任塌正沟1号的上述差别导致减少了拦泥量。对于现状已建淤地坝，它们的现状条件与规划条件的拦泥量结果完全一致。任塌脑畔沟和任塌是规划新建淤地坝，所以规划条件拦泥量与现状条件不一致，但任塌淤地坝现状条件比未建坝系的拦泥量小是因为区间内上游其他淤地坝增加了拦泥量，导致任塌来沙量减少所致。另外，任塌正沟2号、任塌正沟1号和任塌淤地坝的拦泥量占库容比例均相对偏小，显示其库容量可能设计得偏大或区间内布坝密度过大，与此区间坝系配置下的产沙量不相匹配。

（11）曹庄坝系。包含黄草湾、崖窑旮旯1号、杜庄、任塌、观音庙塔1号、顾塌2号、顾塌1号、大平沟1号、阎桥1号、曹庄洞沟2号、曹庄洞沟1号、曹庄崖窑沟2号、曹庄崖窑沟1号、曹庄狼岔1号和曹庄等淤地坝。曹庄坝系拦泥量统计见表5-11，从表中可以看出：区间内黄草湾、杜庄、观音庙塔1号、顾塌2号、曹庄洞沟1号、曹庄崖窑沟1号和曹庄狼岔1号淤地坝单元在未建坝系时表现为冲刷，其他淤地坝单元表现为淤积。建淤地坝后，除了黄草湾、杜庄和曹庄（3个坝都是干沟控制性骨干淤地坝）以外，基本上所有淤地坝比未建坝系时均增加了拦泥量，其中黄草湾建坝后减少了拦泥量表现为冲刷的原因在前面已分析过，即上游来沙量大幅减少而来水量并未明显减少，这也是下游杜庄和曹庄淤地坝在建坝后同样反而减少了拦泥量的原因所在，说明在马家沟流

表 5-9 黄草湾坝系拦泥量统计

编号	名　称	库容/万 m³	降雨事件的拦泥量/m³			拦泥量占库容比例/%			结　构	状态
			未建坝系	现状坝系	规划坝系	未建坝系	现状坝系	规划坝系		
1	白家营	32.3	677	495	624	0.21	0.15	0.19	土坝+涵卧+溢洪道	规划
2	张家畔九沟	2.0	44	138	138	0.22	0.68	0.68	土坝	已建
3	杜家沟1号	16.7	12	132	132	0.01	0.08	0.08	土坝+涵卧	已建
4	张家畔沟	14.1	-210	102	102	-0.15	0.07	0.07	土坝+涵卧	已建
5	卢渠公路2号	29.7	195	246	246	0.07	0.08	0.08	土坝+涵卧	已建
6	卢渠公路1号	0.9	-8	9	9	-0.09	0.10	0.10	土坝+涵卧+溢洪道	已建
7	黄草湾	31.2	-3823	-4495	-4165	-1.23	-1.44	-1.34	土坝+涵卧+溢洪道	已建

表 5-10 任塌坝系拦泥量统计

编号	名　称	库容/万 m³	降雨事件的拦泥量/m³			拦泥量占库容比例/%			结　构	状态
			未建坝系	现状坝系	规划坝系	未建坝系	现状坝系	规划坝系		
1	任塌正沟2号	19.6	-80	67	67	-0.04	0.03	0.03	土坝	已建
2	白杨树沟	10.2	49	137	137	0.05	0.14	0.14	土坝	已建
3	任塌正沟1号	10.0	245	42	42	0.24	0.04	0.04	土坝+溢洪道	已建
4	朴子沟	9.6	77	171	171	0.08	0.18	0.18	土坝+溢洪道	已建
5	任塌崾吃拦沟	3.3	-85	105	105	-0.26	0.32	0.32	土坝+涵卧	已建
6	任塌崖窑沟1号	2.0	8	260	260	0.04	1.30	1.30	土坝+涵卧	已建
7	任塌庄沟	33.0	1124	1021	1021	0.34	0.31	0.31	土坝+涵卧	已建
8	任塌脑畔沟	3.3	-103	-103	113	-0.31	-0.31	0.34	土坝+涵卧	规划
9	任塌	227.0	1016	622	727	0.04	0.03	0.03	土坝+涵卧+溢洪道	规划

表 5-11　　曹庄坝系拦泥量统计

编号	名　称	库容/万 m³	降雨事件的拦泥量/m³			拦泥量占库容比例/%			结　构	状态
			未建坝系	现状坝系	规划坝系	未建坝系	现状坝系	规划坝系		
1	黄草湾	31.2	-3823	-4495	-4165	-1.23	-1.44	-1.34	土坝+涵卧+溢洪道	已建
2	崖窑省见1号	0.8	63	100	100	0.75	1.19	1.19	土坝	已建
3	杜庄	30.0	-414	-233	-409	-0.14	-0.08	-0.14	土坝+涵卧+溢洪道	规划
4	任塬	227.0	1016	622	727	0.04	0.03	0.03	土坝+涵卧+溢洪道	规划
5	观音庙塔1号	13.3	-80	9	9	-0.06	0.01	0.01	土坝+溢洪道	已建
6	顾塬2号	123.4	-104	-104	678	-0.01	-0.01	0.05	土坝+涵卧+溢洪道	规划
7	顾塬1号	10.3	758	1184	412	0.74	1.15	0.40	土坝+溢洪道	已建
8	大平沟1号	10.5	318	343	343	0.30	0.33	0.33	土坝+涵卧	已建
9	简桥1号	22.6	241	472	472	0.11	0.21	0.21	土坝+涵卧	已建
10	曹庄涧沟2号	1.3	146	146	180	1.12	1.12	1.39	土坝+涵卧	规划
11	曹庄涧沟1号	2.1	-328	79	55	-1.56	0.38	0.26	土坝+涵卧	已建
12	曹庄崖窑沟2号	1.0	8	8	88	0.08	0.08	0.90	土坝+涵卧	规划
13	曹庄崖窑沟1号	22.9	-262	233	126	-0.11	0.10	0.05	土坝+涵卧	已建
14	曹庄狼岔1号	15.6	-253	-253	413	-0.16	-0.16	0.26	土坝+涵卧	规划
15	曹庄	40.0	7688	4087	3018	1.92	1.02	0.75	土坝+涵卧+溢洪道	已建

域的坝系配置下（包括现状坝系和规划坝系），侵蚀的泥沙量多数被拦截在上游支毛沟上，上游布坝密度过大，导致干沟自黄草湾淤地坝（包括黄草湾）以下，来沙量不足，未能完全发挥干沟淤地坝的骨干作用，同时坝内表现为拦泥量减少，也延滞了淤地造田的速度，显示马家沟流域的坝系配置仍有需进一步完善的地方。对于现状已建淤地坝，它们的现状条件与规划条件的拦泥量结果完全一致，但是顾塌 1 号、曹庄洞沟 1 号和曹庄崖窑沟 1 号淤地坝规划条件比现状条件的拦泥量小是因为上游分别规划新建了顾塌 2 号、曹庄洞沟 2 号和曹庄崖窑沟 2 号淤地坝，导致减少了下游拦泥量所致。另外，在同一场次降雨事件中，顾塌 2 号淤地坝的拦泥量占库容比例相对偏小，显示其库容量可能设计得偏大或区间内布坝密度过大，与此区间坝系配置下的产沙量不相匹配。

综上所述，马家沟流域各淤地坝在不同坝系配置条件下的拦泥量变化特点归纳如下。

（1）流域建淤地坝后，所有的淤地坝比未建坝系时均增加了拦泥量，体现了淤地坝拦泥保土的作用。

（2）坝系配置的改变能使淤地坝的拦泥量从上游向下游逐层发生传导效应。

（3）中峁沟 1 号、梁家湾 1 号、柳沟坪、任塌正沟 2 号、任塌正沟 1 号、任塌以及顾塌 2 号淤地坝的拦泥量占库容比例均相对偏小，显示其库容量可能设计得偏大或区间内布坝密度过大，与此区间坝系配置下的产沙量不相匹配。

（4）在马家沟流域的现状和规划坝系配置下，上游支毛沟上布坝密度过大，侵蚀的泥沙量多数被截留，干沟自黄草湾淤地坝（含）以下，来沙量不足导致坝内拦泥量减少甚至冲刷，未能完全发挥干沟淤地坝的骨干作用，也延滞了淤积坝地的速度，显示马家沟流域的坝系配置仍有需进一步完善的地方。

5.3　本章小结

本章采用马家沟流域 2006 年 9 月 4 日的实测场次降雨过程和第 4 章确定的其他参数以及条件，充分利用分布式模型能反映流域空间差异性影响的特点，分析了不同坝系配置条件对流域空间不同位置（空间差异性）产流产沙的影响以及各淤地坝的拦泥量变化特点，分析结果表明：

（1）未建坝系条件下，干沟的流量和输沙率最大，毛沟最小，支沟介于两者之间；但水流平均含沙量则是毛沟最大，干沟最小，支沟介于两者之间。

（2）未建坝系条件下，毛沟产流产沙过程到达峰值的时刻最快，干沟最慢，支沟介于两者之间。

（3）流域建淤地坝后，毛沟的淤地坝"水沙不出沟"，减水减沙效率最高，但坝体安全级别最低；支沟"坝体＋放水建筑物"结构的淤地坝"出水不出沙"，减沙效率高，淤积坝地速度快，安全级别一般；而"坝体＋溢洪道"结构的淤地坝"出水又出沙"，减水减沙效率较高，安全级别也较高；干沟的淤地坝对流域天然水沙过程的调蓄和削峰作用最显著，但淤积坝地速度较慢，减水减沙效率一般，不过它的安全级别最高，为流域坝系配置中确保坝系安全不可或缺的控制性工程。

（4）流域建淤地坝后，所有的淤地坝比未建坝系时均增加了拦泥量，体现了淤地坝拦泥保土的作用。

（5）坝系配置的改变能使淤地坝的拦泥量从上游向下游逐层发生传导效应。

（6）中峁沟1号、梁家湾1号、柳沟坪、任塬正沟2号、任塬正沟1号、任塬以及顾塌2号淤地坝的拦泥量占库容比例均相对偏小，显示其库容量可能设计得偏大或区间内布坝密度过大，与此区间坝系配置下的产沙量不相匹配。

（7）在马家沟流域的现状和规划坝系配置下，上游支毛沟上布坝密度过大，侵蚀的泥沙量多数被截留，干沟自黄草湾淤地坝（含）以下，来沙量不足导致坝内拦泥量减少甚至冲刷，未能完全发挥干沟淤地坝的骨干作用，也延滞了淤积坝地的速度，显示马家沟流域的坝系配置仍有需进一步完善的地方。

（8）所建立的分布式模型在流域的坝系配置评价和配置方案优选等方面具有很好的技术支撑作用和一定的应用价值。

6 结论与展望

6.1 主要研究结论

黄土高原是世界上水土流失最严重的地区，严重的水土流失威胁着黄河下游防洪安全，造成生态环境恶化，制约社会经济的可持续发展。新中国成立以后，对黄土高原进行了大规模的治理，以淤地坝为核心的沟道治理工程是黄土高原水土流失治理的关键措施。

本书在黄土高原治理力度不断加强和淤地坝坝系建设蓬勃发展的背景下，瞄准当今陆地侵蚀学科的前沿领域，以黄土高原地区小流域（坝系流域）为研究对象，研发了具有自主知识产权的黄土高原坝系流域侵蚀产沙分布式模型，主要研究成果包括以下 3 个方面。

1. 流域侵蚀产沙分布式模型的研发

本书自主地研发了黄土高原地区基于场次暴雨的小流域降雨径流和侵蚀产沙分布式模型，模型建立在有效降雨、植物截留、土壤入渗、地表径流、土壤侵蚀、径流输沙和流域产沙等一系列的物理过程基础之上，并实现了"沟坡分离"和"产输沙分离"，使模型在物理概念和力学机制的区分上更为清晰。

为验证建立的流域分布式模型的可靠性，本书选取了典型小流域——黑草河小流域进行了率定和验证，验证结果表明模型计算值与流域实测值基本符合良好，说明所建立的模型在模拟和复演场次降雨事件的地表径流过程和侵蚀产沙过程中具有较好的准确性和可靠性。

同时模型还模拟并输出了流域内不同空间网格单元的径流和输沙过程，展现了分布式模型在模拟空间差异性方面的优势，为配置流域内水土保持措施和优化流域管理，提供技术支撑和科学依据。

本书还进一步应用所建立的小流域降雨径流和侵蚀产沙分布式模型，通过设计的不同水土保持配置方案，分别计算并对比了不同水土保持措施和不同土地利用方式的减水减沙效益，计算结果表明。

（1）水土保持工程措施在减水和减沙效益两方面均优于水土保持生物措施。

（2）不同土地利用方式的减水效益优劣次序为：用材林＞灌木林＞治理林地＞荒山荒坡＞坡耕地。

（3）不同土地利用方式的减沙效益优劣次序为：用材林＞治理林地＞灌木林＞荒山荒坡＞坡耕地。

根据以上的研究结果，本书还对选取的典型小流域的现状水土保持配置方案进行了优化，并对比计算了小流域在未经治理、治理现状和优化配置方案下的产流产沙过程，体现了该模型能为流域内水土保持措施配置的优化提供科学依据和技术支撑。

2. 坝系流域侵蚀产沙分布式模型的开发

针对黄土高原坝系流域的特点，进一步研究了不同结构淤地坝的水沙特点及计算模式，首次自主开发了坝系流域侵蚀产沙分布式模型。

模型在应用上选取了黄土高原沟壑区典型坝系流域——马家沟小流域，并基于 GIS 进行了流域地理信息的处理和提取，模型分别计算了未建坝系、现状坝系和规划坝系等不同坝系条件下的流域出口的产流产沙过程并进行了比较，反映了流域内淤地坝及坝系的拦泥蓄水作用和对流域出口水沙过程的调蓄和削峰效应，并得到以下主要结论。

（1）流域出口开始产流产沙的时刻在不同坝系条件下是一致的，但不同降雨过程（不同雨型）的产流产沙开始时刻并不相同。

（2）流域出口产流产沙的峰值，未建坝系条件下最大，现状坝系和规划坝系条件下峰值基本一致，均约为未建坝系结果的 1/3，体现了淤地坝对流域出口水沙过程的调蓄和削峰作用。

（3）流域出口的产流产沙过程到达峰值之后，未建坝系条件下随后很快衰减，至降雨结束时刻产流产沙均衰减到峰值的 1/10 以下；现状坝系和规划坝系条件下结果基本一致，产流产沙过程慢慢衰退，至降雨结束时刻产流仍有峰值的 90%，产沙仍有峰值的 50%，体现了淤地坝拦泥蓄水作用对流域出口产流产沙的影响。

（4）不同坝系条件下，流域出口的输沙率曲线均出现了一个突变起伏的时刻，为流域输沙由饱和输沙转变为不饱和输沙的时间分界点，它表明在此时刻之前，产沙量等于径流输沙量，单元内有泥沙沉积，在此时刻之后，产沙量等于侵蚀量，单元内没有泥沙沉积。

　　3. 坝系配置空间差异性的影响研究

　　充分利用分布式模型能反映流域空间差异性影响的特点，进一步分析了不同坝系配置条件对流域空间不同位置（空间差异性）产流产沙的影响以及各淤地坝的拦泥量变化特点。分析结果表明：

　　（1）未建坝系条件下，干沟的流量和输沙率最大，毛沟最小，支沟介于两者之间；但水流平均含沙量则是毛沟最大，干沟最小，支沟介于两者之间。

　　（2）未建坝系条件下，毛沟产流产沙过程到达峰值的时刻最快，干沟最慢，支沟介于两者之间。

　　（3）流域建淤地坝后，毛沟的淤地坝"水沙不出沟"，减水减沙效率最高，但坝体安全级别最低；支沟"坝体＋放水建筑物"结构的淤地坝"出水不出沙"，减沙效率高，淤积坝地速度快，安全级别一般；而"坝体＋溢洪道"结构的淤地坝"出水又出沙"，减水减沙效率较高，安全级别也较高；干沟的淤地坝对流域天然水沙过程的调蓄和削峰作用最显著，但淤积坝地速度较慢，减水减沙效率一般，不过它的安全级别最高，为流域坝系配置中确保坝系安全不可或缺的控制性工程。

　　（4）流域建淤地坝后，所有的淤地坝比未建坝系时均增加了拦泥量，体现了淤地坝拦泥保土的作用。

　　（5）坝系配置的改变能使淤地坝的拦泥量从上游向下游逐层发生传导效应。

　　（6）中峁沟1号、梁家湾1号、柳沟坪、任塌正沟2号、任塌正沟1号、任塌以及顾塌2号淤地坝的拦泥量占库容比例均相对偏小，显示其库容量可能设计得偏大或区间内布坝密度过大，与此区间坝系配置下的产沙量不相匹配。

　　（7）在马家沟流域的现状和规划坝系配置下，上游支毛沟上布坝密度过大，侵蚀的泥沙量多数被截留，干沟自黄草湾淤地坝（含）以下，来沙量不足导致坝内拦泥量减少甚至冲刷，未能完全发挥干沟淤地坝的骨干作用，也延滞了淤积坝地的速度，显示马家沟流域的坝系配置仍有需进一步完善的地方。

　　本书所建立的坝系流域侵蚀产沙分布式模型在流域的坝系配置评价和配置方案优选等方面具有很好的技术支撑作用和一定的应用价值。

6.2　展望

　　流域内由很多淤地坝配置组成的坝系流域，除了流域本身因地形而形成的拓扑关系之外，再加上各个淤地坝（不同类型、不同结构）的空间分布，就构成了一个很复杂的系统。模拟这个系统的侵蚀产沙过程以及空间分布的差异性时需要考虑的影响因素很多，本书独立自主开发的黄土高原地区坝系流域侵蚀产沙分布式模型目前还处于初级阶段，下一步还需要在以后的研究中逐步地进行完善。

分布式模型所需要的实测资料和数据较多，对输入数据的要求也较高，再加上坝系配置本身复杂的分布关系，因此模拟时不仅需要流域本身的相关数据，还需要淤地坝及坝系的相关数据和条件。本书是在设定的研究条件下所进行的马家沟典型坝系流域的侵蚀产沙过程和水沙空间分布的模拟，今后随着流域实测资料和淤地坝相关参数的进一步掌握和完善，模型的结果会更趋向于反映流域实际的情况，也能为流域配置提供更可靠的科技支撑。

模型目前在中小尺度的流域上进行了应用，今后将模型拓展到大中尺度的流域上进行应用值得期待。在不同空间尺度流域上进行应用的通用性是下一步需要研究的课题，可以比较确定的是，不同尺度流域的临界源区面积的取值应是不同的，从本书的研究成果来看，临界源区面积的取值不同会生成不同的流域沟系，这在一定程度上直接影响着模型计算的流域侵蚀产沙过程，因此，在不同尺度流域上界定合适的临界源区面积和取值标准将可能是这个课题研究的关键所在。

参考文献

［1］ 牟金泽，孟庆枚. 陕北部分中小流域输沙量计算［J］. 人民黄河，1983（4）：35－37.

［2］ 江忠善，王志强，刘志. 黄土丘陵区小流域土壤侵蚀空间变化定量研究［J］. 土壤侵蚀与水土保持学报，1996，1（2）：1－9.

［3］ 汤立群. 流域产沙模型研究［J］. 水科学进展，1996，7（1）：47－53.

［4］ Michael B A，Refsaard J C. Distributed Hydrological Modeling［M］. Netherlands：Kluwer Academic Pubilishers，1996.

［5］ Refsaard J C. Parameterization，Calibration and Validation of Distributed Hydrological Models［J］. Hydrology，1997，198：69－97.

［6］ 郭生练. 基于DEM的分布式流域水文物理模型［J］. 武汉水利电力大学学报，2000，33（6）：1－5.

［7］ 黄河上中游管理局. 淤地坝概论［M］. 北京：中国计划出版社，2005.

［8］ 陈晓梅，杨惠淑. 淤地坝的历史沿革［J］. 河南水利与南水北调，2007（1）：65－66.

［9］ 陈晓梅. 黄土高原地区淤地坝的形成与发展［J］. 山西水土保持科技，2006（4）：20－21.

［10］ 王英顺，田安民. 黄土高原地区淤地坝试点建设成就与经验［J］. 中国水土保持，2005（12）：44－46.

［11］ 田凯. 黄土高原地区淤地坝建设有关问题浅析［J］. 中国水土保持，2003（8）：13－14.

［12］ 方学敏，万兆惠，匡尚富. 黄河中游淤地坝拦沙机理及作用［J］. 水利学报，1998（10）：49－53.

［13］ 曹文洪，胡海华，吉祖稳. 黄土高原地区淤地坝坝系相对稳定研究［J］. 水利学报，2007，38（5）：606－610，617.

［14］ Meyer L D. Evaluation of the Universal Soil Loss Equation［J］. Journal of Soil and Water Conservation，1984（39）：99－104.

［15］ Wischmeier W H，Smith D D. Predicting Rainfall Erosion Losses［R］. USDA Agricultural Research Service Handbook，1965.

［16］　Wischmeier W H，Smith D D. Predicting Rainfall Erosion Losses［R］. USDA Agricultural Research Service Handbook（No. 537），1978.

［17］　Lane L J，Renard K G，Foster G R，et al. Development and Application Modern Soil Erosion Prediction Technology – the USDA Experience［J］. J. Soil Resources，1992（30）：893－912.

［18］　Knisel W G，et al. CREAMS：A Field Scale Model for Chemical，Runoff and Erosion from Agriculture Management System［R］. USDA Agricultural Research Service Handbook（No. 26），1980.

［19］　Foster G R，Meyer L D. Mathematical Simulation of Upland Erosion by Fundamental Erosion Mechanics［C］. Proceedings of the Sediment – Yield Workshop. Oxford：USDA Sedimentation Laboratory，1972.

［20］　Nearing M A，Foster G R，Lane L J，et al. A Process – based Soil Erosion Model for USDA – Water Erosion Prediction Project Technology［J］. Transactions of the ASCE，1989（32）：1587－1593.

［21］　Ascough J C，et al. The WEPP Water Model：I. Hydrology and erosion［J］. Transactions of the ASAE，1997，40（4）：921－933.

［22］　Woodward D E. Method to Predict Cropland Ephemeral Gully Erosion［J］. Catena，1999，37（3－4）：401－414.

［23］　Beasley D B，Huggins L F，Monke E J. ANSWERS：A Model for Watershed Planning［J］. Transactions of the ASAE，1980（23）：938－944.

［24］　Morgan R P C，Quinton J N，Smith R E，et al. The European Soil Erosion Model（EU-ROSEM）：A Dynamic Approach for Predicting Sediment Transport from Fields and Small Catchments［J］. Earth Surface Processes and Landforms，1998（23）：527－544.

［25］　De Roo A P J. The LISEM Project：an Introduction［J］. Hydrological Processes，1996（10）：1021－1025.

［26］　牟金泽，孟庆枚. 陕北部分中小流域输沙量计算［J］. 人民黄河，1983（4）：23－25.

［27］　马蔼乃. 土壤侵蚀因子提取及建模应用［J］. 中国水土保持，1990（3）：45－48.

［28］　江忠善，王志强，刘志. 黄土丘陵区小流域土壤侵蚀空间变化定量研究［J］. 土壤侵蚀与水土保持学报，1996，2（1）：1－9.

［29］　景可，李钜章，李风新. 黄河中游侵蚀量及趋势预测［J］. 地理学报，1998，53（S1）：109－117.

［30］　王秀英，曹文洪，陈东. 灰色系统软件包的开发及其在流域产沙中的应用［J］. 土壤侵蚀与水土保持学报，1998（3）：79－86.

［31］　张小峰，许全喜，裴莹. 流域产流产沙 BP 网络预报模型的初步研究［J］. 水科学进展，2001（1）：18－23.

［32］　王星宇. 黄土地区流域产沙的数学模型［J］. 泥沙研究，1987（3）：57－63.

［33］　汤立群，陈国祥，蔡名扬. 黄土丘陵区小流域产沙数学模型［J］. 河海大学学报，1990（6）：13－19.

［34］　汤立群，陈国祥. 水土保持减水减沙效益计算方法研究［J］. 河海大学学报（自然科学版），1999（1）：82－87.

[35] 汤立群，陈国祥. 物理概念模型在水保效益评价中的应用 [J]. 水利学报，1998 (9)：63-66.

[36] 汤立群，陈国祥. 大中流域长系列径流泥沙模拟 [J]. 水利学报，1997 (6)：20-27.

[37] 谢树楠，张仁，王孟楼. 黄河中游黄土丘陵沟壑区暴雨产沙模型研究 [C] 黄河水沙变化研究论文集（第五卷），黄河水沙变化研究基金会，1993：238-274.

[38] 曹文洪，张启舜，姜乃森. 黄土地区一次暴雨产沙数学模型的研究 [J]. 泥沙研究，1993 (1)：1-13.

[39] 曹文洪，祁伟，郭庆超，等. 小流域产汇流分布式模型 [J]. 水利学报，2003 (9)：48-54.

[40] 祁伟，曹文洪，郭庆超，等. 小流域侵蚀产沙分布式数学模型的研究 [J]. 中国水土保持科学，2004 (1)：16-22.

[41] 蔡强国，陆兆熊. 黄土丘陵沟壑区典型小流域侵蚀产沙过程模型 [J]. 地理学报，1996，51 (2)：108-117.

[42] 蔡强国，刘纪根，刘前进. 岔巴沟流域次暴雨产沙统计模型 [J]. 地理研究，2004 (4)：9-15.

[43] 唐政洪，蔡强国. 我国主要土壤侵蚀产沙模型研究评述 [J]. 山地学报，2002，20 (4)：466-475.

[44] 蔡强国，刘纪根，郑明国. 黄土丘陵沟壑区中大流域侵蚀产沙模型与尺度转换研究 [J]. 水土保持通报，2007 (4)：140-144.

[45] 郑明国，蔡强国，王彩峰，等. 黄土丘陵沟壑区坡面水保措施及植被对流域尺度水沙关系的影响 [J]. 水利学报，2007 (1)：49-55.

[46] 刘纪根，蔡强国，刘前进，等. 流域侵蚀产沙过程随尺度变化规律研究 [J]. 泥沙研究，2005 (4)：9-15.

[47] CHEN L, LIU Q Q, Ll J C. Runoff Generation Characteristics in Typical Erosion Regions on the Loess Plateau [J]. International Journal of Sediment Research, 2001, 16 (4)：473-485.

[48] 陈力，刘青泉，李家春. 坡面降雨入渗产流规律的数值模拟研究 [J]. 泥沙研究，2001 (4)：63-69.

[49] LIU Q Q, SINGH V P. Effect of Micro——topography, Slope Length and Gradient and Vegetative Cover on Overland Flow [J]. J. Hydrol Eng, 2004, 9 (5)：375-382.

[50] 刘青泉，李家春，陈力，等. 坡面流及土壤侵蚀动力学（Ⅰ）——坡面流 [J]. 力学进展，2004 (3)：74-86.

[51] 刘青泉，李家春，陈力，等. 坡面流及土壤侵蚀动力学（Ⅱ）——土壤侵蚀 [J]. 力学进展，2004 (4)：63-76.

[52] 刘青泉，安翼. 土壤侵蚀的3个基本动力学过程 [J]. 科技导报，2007 (14)：30-39.

[53] 向华，刘青泉，李家春. 地表条件对坡面产流的影响 [J]. 水动力学研究与进展，2004 (6)：81-89.

[54] 贾媛媛，郑粉莉，杨勤科. 黄土高原小流域分布式水蚀预报模型 [J]. 水利学报，2005，36 (3)：72-76.

[55] 刘卓颖，倪广恒，雷志栋，等. 黄土高原地区小尺度分布式水文模型研究 [J]. 人民

黄河，2005，27（10）：21－23.

[56] 刘卓颖，倪广恒，雷志栋，等. 黄土高原地区中小尺度分布式水文模型［J］. 清华大学学报（自然科学版），2006（9）：60－64.

[57] 刘卓颖，倪广恒，雷志栋，等. 黄土高原地区小流域长系列水沙运动模拟［J］. 人民黄河，2006，28（4）：63－64.

[58] 王礼先. 流域管理学［M］. 北京：中国林业出版社，1999.

[59] 蒋定生. 黄土高原水土流失与治理模式［M］. 北京：中国水利水电出版社，1997.

[60] 秦鸿儒，贾树年，付明胜. 黄土高原小流域坝系建设研究［J］. 人民黄河，2004，26（1）：33－36.

[61] 王秀英，曹文洪，付玲燕，等. 分布式流域产流数学模型的研究［J］. 水土保持学报，2001，9（3）：38－40.

[62] 崔怡. Matlab 5.3 实例详解［M］. 北京：航空工业出版社，2000.

[63] 肖劲松，王沫然. Matlab 5.X 与科学计算［M］. 北京：清华大学出版社，2001.

[64] 杨立文，李昌哲，张理宏. 林冠对降雨截留过程的研究［J］. 河北林学院学报，1995，10（1）：7－12.

[65] Green W H，Ampt G. Studies of Soil Physics，Part Ⅰ. The Flow of Air and Water Through Soils［J］. J. of Agricultural Science，1911（4）：1－24.

[66] Mein R G，Larson C L. Modeling Infiltration during a Steady Rain［J］. Water Resource Research. 1973，9（2）：384－394.

[67] Beasley D B，Huggins L F，Monke E J. ANSWERS：A Model for Watershed Planning［J］. Transaction of the ASCE，1981，23（4）：938－944.

[68] Podmore T H，Huggins L F. Surface Roughness Effect on Overland Flow［J］. Transactions of the ASAE，1980，23（6）：1434－1439.

[69] Huggins L F，Monke E J. The Mathematical Simulation of the Hydrology of Small Watersheds［R］. West Lafayette：Purdue University Water Resource Research Center，1996.

[70] 姚文艺，汤立群. 水力侵蚀产沙过程及模拟［M］. 郑州：黄河水利出版社，2001.

[71] 柳丽英，范荣生. 侵蚀产沙系统模型概述［J］. 水土保持通报，1997，4（2）：53－58.

[72] Foster G R，Meyer L D. Mathematical Simulation of Upland Erosion by Fundamental Erosion Mechanics［R］. USDA Agricultural Research Service Handbook，1975.

[73] 曹文洪. 坡面流输沙能力的初步研究：第二届全国泥沙基本理论研究学术讨论会论文集［C］. 北京：中国建材出版社，1995.

[74] 王治华，黄联捷. 降雨与流域产沙——黄土高原产沙模型研究之一［M］. 黄土高原（重点产沙区）信息系统研究. 北京：测绘出版社，1993.

[75] 孟庆枚. 黄土高原水土保持［M］. 郑州：黄河水利出版社，1996.

[76] 钱宁，张仁，周志德. 河床演变学［M］. 北京：科学出版社，1987.

[77] Leopold L B，Langbein W B. The Concept of Entropy in landscape Evolution［R］. U. S. Geol. Survey，1962.

[78] Langbein W B，Leopold L B. Quasi－equilibrium States in Channel Morphology［J］. Amer. J. Sci.，1964，262（6）：782－794.

［79］ 窦国仁. 平原冲积河流及潮汐河口的河床演变 ［J］. 水利学报，1964（2）：1－13.

［80］ Yang C T. Potential Energy and Stream Morphology ［J］. Water Resources Research，1971，7（2）：311－322.

［81］ Yang C T. Minimum Unitstream Power and Fluvial Hydraulics ［J］. Journal of the Hydraulics Division，1976，102（7）：769－784.

［82］ Chang H H. Minimum Stream Power and River Channel Patterns ［J］. Journal of the Hydrology，1979，41（3/4）：303－327.

［83］ 徐国宾，练继建. 流体最小熵产生原理与最小能耗率原理（Ⅱ）［J］. 水利学报，2003（6）：43－47.

［84］ 陈绪坚，胡春宏. 河流最小可用能耗率原理和统计熵理论研究 ［J］. 泥沙研究，2004（6）：10－15.

［85］ 韩其为. 水库淤积 ［M］. 1 版. 北京：科学出版社，2003.

［86］ 许炯心，张欧阳. 黄河下游游荡段河床调整对于水沙组合的复杂响应 ［J］. 地理学报，2000，55（3）：274－280.

［87］ Zhang Qishun，et al. A Mathematical Model for Prediction of the Sedimentation Process in Rivers ［C］. Proceedings of the Second International Symposium on River Sedimentation，Nanjing，1983：95－107.

［88］ 郭庆超. 古贤水库对黄河下游河道减淤作用的研究 ［R］. 中国水利水电科学研究院，2003.

［89］ 胡春宏，吉祖稳，牛建新. 黄河下游河道纵横剖面调整规律 ［J］. 泥沙研究，1997（2）：27－31.

［90］ 许炯心，孙季. 黄河下游游荡河道萎缩过程中河床演变趋势 ［J］. 泥沙研究，2003（1）：10－17.

［91］ 李勇，翟家瑞. 黄河下游宽河段河床边界条件变化特征分析 ［J］. 人民黄河，2000，22（11）：1－2.

［92］ 王卫红，张晓华. 水沙变异条件下黄河下游游荡性河段河势变化特性 ［R］. 黄河水利科学研究院，2004.